フラッグシップ双発機

ボーイング777

A☆50/Akira Igarashi

効率性と輸送力を両立　**VS**　幹線を担う主力大型機

A☆50/Akira Igarashi

エアバス**A350**

イカロス出版

21世紀の大空に君臨する
大型双発ワイドボディ機

Flagship Big Twin

モンスターエンジンを装備して
世界へ翼を広げたビッグツイン

Boeing777

Airbus A350

新フラッグシップに即位した
エクストラ・ワイド・ボディ（XWB）

フラッグシップの座を懸けて
777とA350の両雄が対決

CONTENTS

目次写真：KAJI
表紙写真：Ā☆50/Akira Igarashi（上）
　　　　　深澤 明（下）
裏表紙写真：KAJI（上）
　　　　　A☆50/Akira Igarashi（下）

▌21世紀の旅客機に求められる
▌高い効率性と環境性能を実現

フラッグシップは
大型双発機の時代へ

大手航空会社の花形路線といえば長距離国際線。

その長距離国際線の主力機種は、必然的にその航空会社のフラッグシップ（旗艦機種）となる。

1990年代まで、多くの航空会社にとってフラッグシップはボーイング747ジャンボジェットであり、

ジャンボを運用していない航空会社では三発機のマクドネル・ダグラスMD-11などが看板機種であった。

しかし、原油価格の高騰や環境意識の高まりなどを受け、21世紀に入った頃から流れが変わりはじめる。

元々は中・短距離路線向けだったボーイング777が航続性能を高めるなどして

長距離路線へ進出するようになり、エアバスもA350XWBを開発して

大型の双発ワイドボディ機を商品ラインナップに加えたのだ。

高い運航効率で大量輸送を可能にした大型双発ワイドボディ機は、最新鋭の超大型四発機である

A380や747-8を抑えて、フラッグシップの座に着いたのである。

文= 阿施光南

Boeing 777

Airbus A350

Charlie FURUSHO

現在ではほとんどの旅客機が双発機となったが、十数年前までは747ジャンボジェットを長距離国際線のフラッグシップとする航空会社が多かった。

747からフラッグシップの座を奪取することを狙って開発されたA380だったが、旅客から高い支持を受けたにもかかわらず254機で製造を終了することになった。

Charlie FURUSHO

A380に対抗して開発された747-8は、とりわけ旅客型のセールスが不振を極め、オペレーターはわずか3社に止まった。こちらも2023年に製造を中止している。

超大型四発機時代の終焉と
双発ワイドボディ機の台頭

　フラッグシップは航空会社の顔だ。世界規模の航空会社にとって、1990年代までのフラッグシップは間違いなくボーイング747ジャンボジェットだった。それは世界で最も大きく、最も遠くまで飛べる無二の旅客機だった。そして747を運航することは、航空会社のステイタスでもあった。

　しかし21世紀に入ると、そうした価値観も揺らいできた。2005年に初飛行したエアバスA380は、747よりも大きく、より経済的で、より快適な空の旅を実現した。なにしろ747は、改良を重ねてきたとはいえ1960年代の技術で作られた旅客機だ。30年以上の技術の進歩を詰め込んだA380がそれよりも劣るはずがない。

　けれどもA380の販売は、思うように伸びなかった。それに対抗して作られた新型の747-8は、さらに売れなかった。ボーイングは、

日本では JAL、ANA、JAS の大手3社が導入した777。しかし、当初は国内線の幹線・準幹線用機材としての位置付けだった。

Charlie FURUSHO

747-8がA380のように大きすぎない手頃なサイズで、ベストセラーとなった747-400と乗員資格も共通であるという利点をアピールしたが、旅客機として採用したのはルフトハンザと大韓航空、そして中国国際航空だけだった。この時代に販売を伸ばしたのは、より小型の777だったのである。

A380が初飛行したとき、777はすでに初飛行から10年以上を経ていたから決して新しい旅客機ではなかった。またデビュー当時にも、フラッグシップとなることを期待されるような旅客機ではなかった。1990年代にはトライスターやDC-10といった三発ワイドボディ旅客機が相次いで退役時期を迎えたが、ロッキードはトライスターの後継機を作らずに旅客機事業から撤退。マクドネル・ダグラスはDC-10をベースにMD-11を開発したが、それはやや大型で長距離路線に特化した旅客機に性格を変えていた。つまりDC-10が担ってきた米国内線用ワイドボディ機ではなくなっていた。しかしボーイングにはこのクラスの旅客機がなく、767では小さすぎ、747では大きすぎた。そこで中間的なサイズの旅客機として777が開発されることになったのである。

航続性能を高めた777
長距離路線でも主役に

最初に作られた777-200は、見かけも機体規模もDC-10の中央エンジンを取り払ったような双発旅客機だった。双発機には長距離運航に制約があるが、米国内線のような中・短距離路線ならば問題はない。しかも双発機の長距離運航を可能にするETOPSも適用できるようになっていた。777の燃料消費量は747の3分の2程度、つまり同じ量の燃料ならば1.5倍も遠くまで飛べるから、長距離機としてのポテンシャルも高かったのである。現にボーイングは、より多くの燃料を積めるように機体構造やエンジンを強化した777-200ERを開発し、当時の旅客機の最長飛行記録を打ち立てた。

また、こうした大重量での飛行能力を航続

Boeing

777がフラッグシップの座を脅かすようになったのは航続距離延長型が登場して以降のこと。とりわけ、747クラシックに迫る輸送力を持つ777-300ERは長距離国際線で一気に勢力を拡大した。

距離ではなく座席数の増加に振り向けた長胴型の777-300も開発し、こちらはやはり退役時期を迎えていた747クラシックの後継機と位置づけた。777-300の航続距離は777-200ERと比べれば短いが、もともと747クラシックも航続距離はそれほど長くなかったので後継機としては問題ない。さらに長い航続距離が必要ならば、ボーイングには747-400がある。

だが777の経済性の高さを知ってしまった航空会社は、747-400ではなく777-300の航続距離拡大を求めた。そのためにはより多くの燃料を搭載する必要があり、重くなった機体を飛ばすための大きな翼と強力なエンジンが必要となる。そこでボーイングは翼端を延長した777-300ERを開発し、GEは史上最強といわれるGE90エンジンを完成させた。就航は2004年で、このときをもって747の時代は終わったといってもいいだろう。さらに大きなA380は777-300ERでも代用できないが、それだけの大きさを必要とする路線が多くなかったことは販売機数が実証している。あるいは777-300ERが登場していなければ、

A380ももっと多くが売れていたのかもしれないが……。

777は、初飛行から10年かけて、フラッグシップの座をつかみ取ったのである。

777に比肩する機体規模と性能 大型双発機A350XWBの登場

エアバスは、21世紀にはボーイングと互角以上の実績を上げるようになっていたが、それでも手が届かなかったのがフラッグシップの座だった。航空会社が自社を代表して広告などで登場させるのは圧倒的に747が多い。これをしのぐ航空会社の顔になるような旅客機を作るのがエアバスの悲願であり、それを実現するのがA380のはずだった。

A380は、超大型機としては驚くほど順調に完成し、問題なく型式証明も取得した。性能も経済性も期待通りで、その快適さは乗客の評価も高い。ただし期待したほどには販売が伸びなかった。新たなライバルとして登場した747-8には大差をつけたとはいえ、同時期に作られた777-300ERや787のような勢いは

Airbus

いったんはA330の改良で787に対抗しようとしたエアバスだが、顧客の支持を得られなかったことから新設計機としてA350XWBを開発することになった。

なかった。

とりわけ787の好調な販売は、エアバスには意外だったかもしれない。787の経済性はA330でも対抗できるレベルであり、現に787のローンチ後もA330の受注は伸びていた。必要とあれば787用に開発されている高効率エンジンを新たに装備してもいい。エアバスは、そんな新エンジンを装備したモデルをA350（初期案）として提案もしていた。

しかし787の勢いは衰えず、最初のA350案は不評だった。すでに787が完成前の旅客機としては例がないほど大量の受注を得ているところで、後発のエアバスが同レベルの経済性をうたっても意味がないだろう。このとき航空会社が求めていたのは787の対抗馬ではなく、それを上回る旅客機だったのである。

そこでエアバスがゼロから設計しなおしたのが現在のA350である。この機体案はA350XWB（eXtra-Wide-Body）と呼ばれ、A330や787よりも広い胴体を特徴としていた。太い胴体はより上質なサービスの可能性を広げるだけでなく、より大型の機体を実現することも可能にする。すなわち787よりも大型の777のマーケットまでをカバーすることができる。現に787を導入した航空会社の多くがA350も導入しているのは、それが787とは別のクラスであると認識しているからだろう。そして777は、747に代わる世界のフラッグシップとして君臨していた旅客機でもあり、それに打ち勝つことはエアバスが念願のフラッグシップとしての地位を獲得することでもあったのだ。

JAL

A350XWBは「エクストラ・ワイド・ボディ」の愛称通り、A330よりも太い胴体となったことで、高い輸送力と快適な客室空間を実現。同機をフラッグシップとする航空会社は増え続けている。

機体性能も開発手法も革新的

空に新章を開いた777

世界各国のエアラインがフラッグシップ機として導入するベストセラーとなって、
双発ワイドボディ機の全盛期を築き上げることになったボーイング777。
機体としての性能や信頼性の向上はもとより、
パートナー企業や顧客エアラインが参画する開発方式「ワーキング・トゥゲザー」が、
その後の旅客機開発のスタンダードになったという点においても画期的な機種となった。
四発機からフラッグシップ機の座を奪う歴史的な役割を果たした777は、
さまざまな面で旅客機の常識を変えた革新的な双発機として今後も記憶されることになるだろう。

文=内藤雷太 写真=ボーイング（特記以外）

新型機開発のキーワードは
「ワーキング・トゥゲザー」

　1994年4月9日、筆者が巨大なバスで連れていかれたのは、ボーイング・エバレット工場の最終組み立てラインだった。照明が落とされて薄暗く広大な場内は、正面に巨大スクリーンがあって向こうは見えない。周りは同じようにバスでやって来た人々で埋まり、ロックコンサートか何かのようだ。みな期待に満ちた表情でこれから始まる世紀のイベントを待っていた。突如群衆のざわめきを突き破るオープニングアナウンスと共にアップテンポの音楽が始まると、スクリーンの映像がビデオに切り替わった。視界一杯に映る開発ドキュメンタリーでは時折機体解説がカットインされ「Working Together（ワーキング・トゥゲザー）」のキーワードが何度も繰り返される。「Boeing 777」のロゴが映し出されたその瞬間、壮大な音楽と共に巨大スクリーンがゆっくり上がり始めた。煌めくボーイングブルーのスポットに浮かび上がった大きな影こそ、ボーイングの次世代双発ワイドボディ機ボーイング777-200だった。777登場の瞬間である。

　777ロールアウト式典におけるこの派手な演出手法はボーイングにとっても初の試みで、筆者の周りにいた群衆は開発に携わったボーイング社員とその家族、関連企業からの招待客だった。しかも広大な工場を埋め尽くした群衆はほんの一部に過ぎず、ボーイングはこの日の777ロールアウトに10万人を招待したことを後日知った。この桁外れのイベントは10万人の参加を一日で終わらせるために考え抜かれた趣向で、ボーイングはあの日何十回も同じイベントを繰り返したのだ。そして10万人招待の理由は、ボーイングが777開発で掲げたコンセプト「ワーキング・トゥゲザー」だった。ボーイングのフラッグシップ機として君臨することになった777は革新的な双発ワイドボディ機として多くの先進的な特徴を持ってデビューしたが、「ワーキング・トゥゲザー」はこの革新的旅客機を実現する上で重要な鍵となる。

　777は現在も世界最大級の旅客機だが、777-200が登場した当時、双発機としてこの大きさは型破りだった。著しい躍進を見せていた双発ワイドボディ機は年々そのサイズを大型化させ、結果として新型機の開発リスクはどんどん膨らみ続けた。旅客機開発は先行投資だ。開発チームの人件費や製造ラ

インの設備投資、機体製造資材の調達費、型式証明取得のための膨大な試験費用など、投資資金とその先の利益の回収は、機体をデリバリーしてエアラインの支払いが完了するまで待たねばならない。そこまでの数年間、巨額の先行投資は企業に強いストレスを与え続け、開発失敗のリスクは想像を絶する。超音速旅客機開発の失敗や747の開発経験から大型旅客機開発の怖さを痛感したボーイングが、リスク分散策として打ち出したのが「ワーキング・トゥゲザー」だったのである。

　この取り組みの原点は先代モデルとなる767の開発で、過去の経験からリスクシェアパートナーを求めたボーイングが当時見つけたのが日本だった。YS-11の開発が大赤字となり苦境に立たった当時の通産省と日本の航空工業界は、日本の航空機産業を守るためYS-11に続く国産旅客機開発計画YXの可能性を模索していた。ボーイングはこれに目をつけ、YXと同社の次期中距離旅客機7X7開発の統合を打診したのだ。こうしてボーイングの主導により日本のワークシェア15%での共同開発が始まり、1982年の767登場へ繋がってゆく。そして、この流れの延長線上にあったのが777の「ワーキング・トゥゲザー」だった。

日本メーカーも多数が参画
旅客機開発のノウハウ吸収

　ボーイング初の双発ワイドボディ機となる767が登場した当時の市場は、A300の成功で勢いづいたエアバスが双発ワイドボディ機の市場シェアを急速に伸ばしており、ボーイングが発表した767に照準を合わせたA310の開発が着々と進んでいた。市場は一気に767対A310の激しい競争に突入し、この二機種の活躍で従来の三発機、四発機のルートが次第に双発ワイドボディ機に置き換えら

777のカットアウェイ図。当時のボーイングが提案したエコノミークラスの標準的な座席配列は2-5-2の9アブレストだった。また、翼端に折り畳み機構の装備を想定していたことがわかる。

れていくことになる。

　ここで双発ワイドボディ機の発展に必ずついて回る規定ETOPS（Extended range Twin-engine Operations Performance Standard）について触れておこう。ETOPSとは双発ワイドボディ機が緊急時に運航できる限界と範囲を示す基準としてICAO/FAA/JAA（現EASA）が1985年に制定したルールで、エンジン故障時に片発で飛行できる限界を巡航可能な時間で示している。運航ルートの出発地と目的地の間にETOPSが定める時間内でダイバートできる代替飛行場があれば、そのルートでの双発ワイドボディ機運航が認められ、この規定時間が延びれば延びるほど双発ワイドボディ機は代替飛行場から離れたルートを飛ぶことができる。767とA310はETOPS認可を受けた最初の機体で、当時の制限時間は120分だったが、両機の運航実績とエアラインのルート開拓で評価が進み、1988年にはこれがETOPS-180まで拡大されて、双発ワイドボディ機は三発機、四発機に代わりほとんどの路線を運航できるようになった。この規制緩和の流れと双発ワイドボディ機の性能向上を受けてエアラインはより大型の双発ワイドボディ機を強く求めるようになり、777登場の条件が整うこと

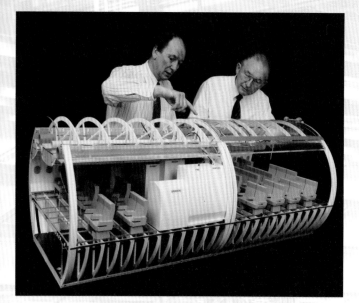

キャビンレイアウトについて検討するボーイングとユナイテッド航空の技術担当者。777ではローンチカスタマーのエアラインも参画して「ワーキングトゥゲザー」と呼ばれる開発方式が採られ、その後の機種開発でも踏襲されることになった。

になった。

　当時、ボーイング最大の機体は747でその下は767だったが、この二機種のサイズにはギャップがあったことから、市場の流れに乗るためにはこのギャップを埋める必要があった。そこでボーイングは767の胴体を延長した767-X案を叩き台に市場調査を始め、767のセミワイドボディがエアラインに不人気で市場が求めるのは747やDC-10のようなフルサイズのワイドボディだと再認識、本格的な大型機開発に踏み込む決断を下す。そして大型機開発のリスク分散を分かりやすく表したスローガンが「ワーキング・トゥゲザー（みんなで作ろう）」だった。

　「ワーキング・トゥゲザー」はボーイング社内とプロジェクトに参加するパートナー企業全体に展開され、まず双発ワイドボディ機市場のニーズを正しく理解して新型機に反映させるために、顧客エアラインも加わって基本仕様の検討が開始された。ボーイングが最も重要と考えたユナイテッド航空、デルタ航空、アメリカン航空、日本航空、全日本空輸、キャセイパシフィック航空、カンタス航空、ブリティッシュ・エアウェイズの8社を招いた合同会議は数回開催され、1990年春には747と同等

の胴体幅で325席程度の客席数を持つ767-Xの基本仕様が纏まった。こうしてユナイテッド航空がその年の10月に34機を確定発注しローンチカスタマーになると、777開発がローンチした。

　設計作業と機体製造でもボーイングは各国企業に開発パートナーシップを募り、日本勢も767から引き続き計画参加を決めた。767での経験もあり、日本のワークシェアは767の15%から777では21%に増え、三菱重工、川崎重工、富士重工、日本飛行機、新明和工業の5社が参加した。開発期間中は常時250名前後の各社技術者がエバレットに駐在してボーイングでの設計作業に従事した。

　各社の分担は三菱重工が後部胴体／尾部胴体／出入口ドアなど、川崎重工が前部胴体／中央部胴体とその下部構造／貨物扉など、富士重工業が中央翼／翼胴フェアリングなど、日本飛行機がインスパーリブ、新明和工業が翼胴フェアリング後部であったが、それぞれの担当箇所の設計作業を行うことで777開発に参加すると同時にボーイング一流の開発ノウハウや設計哲学を体験習得し、それを日本に持ち帰って国内展開した点で、777開発は日本の航空工業界の大きな財産となった。さらに担当箇所を各社で国内生産したことが、ボーイングのTier1という現在の日本航空工業界のポジションに繋がっている。

運航開始前にETOPS-180認定 デビュー直後から長距離路線に

　777シリーズの基本となった最初のモデルは、777-200と航続距離延長型の777-200ERだ。どちらも全長63.73m、全幅60.93mでエンジンはプラット＆ホイットニーPW4000、ゼネラル・エレクトリックGE90、ロールスロイス・トレント800の三つのシリーズからの

選択である。いずれも高出力高バイパス比エンジンで、特にGE90シリーズは777の為に開発され、現在も史上最強最大のエンジンとして知られる。

767と747のギャップを埋める機体として開発が始まった777は、747クラシックの後継機としても期待されていた。767で不評だった胴体は747と同等の直径6.20mの真円断面になり、ツインアイルの9アブレスト（最大10アブレスト）の実現と、貨物室へのLD-3コンテナ並列搭載が可能となった。

新設計の主翼は一部複合材を使い軽量化した金属構造で、スーパークリティカル翼型を採用してマッハ0.84での巡航が可能だ。ウイングレットはないが747クラシックよりも大きい60.93mの全幅があり、これが空港の駐機スペースの点で問題となったため、当初は標準で主翼端折り畳み機構の採用を検討した。結局これはエアラインの反対でオプション扱いに変更されたが、採用したエアラインはない。

操縦系はボーイング初のフライ・バイ・ワイヤだが、エアバス式のサイドスティックではなくコントロールヨーク式だ。また緊急時の制御もパイロット操作がコンピューターをオーバーライドできるように設計されていて、この辺りにボーイングとエアバスの設計思想の違いが表れている。コクピット周りは、直近の開発でユーザーに好評だった747-400のグラスコクピットを基本として、6基のフルカラーディスプレイは全て液晶式、また入力にはタッチパッド式のカーソルを採用して省電力、省スペース、軽量化を図った。こうした777のデジタル化の面で最も重要なのは、777が設計支援ツールCAD（CATIA）でバーチャルに設計された初めての旅客機だということかも知れない。

777-200の最大離陸重量は229,500kgで

1994年4月9日にロールアウトした777-200の初号機。機体側面には小さく初期発注エアラインの尾翼マークが並び、その中には日本のANA、JAL、JASも含まれていた。

航続距離は7,350km。これをオプションで247,200kg/9,695kmに引き上げることができた。航続距離を伸ばした777-200ERは最大離陸重量263,090kg、航続距離11,000kmで、これも同様に288,900kg/13,500kmに引き上げることができる。乗客数はどちらも3クラスで305席だ。

777-200は1994年4月9日にロールアウトし、6月12日に初飛行に成功。1995年6月7日からローンチカスタマーのユナイテッド航空がワシントン〜ロンドン間の大西洋横断路線で商業運航を開始した。この機体のエンジンはPW4084である。ここで重要なのは777-200が開発段階の試験データで運航開始前に世界初のETOPS-180認定を受けることができた点だ。つまり777-200は受領後すぐ長距離路線へ実戦投入ができる機体だったのである。この777-200の登場でエアラインはエアバスA340などの大型四発機を運航する必要がなくなり、結果として777は大型四発機の引退を早めることになる。後続の-200ERは1996年10月17日に初飛行に成功し、1997年2月7日からブリティッシュ・エアウェイズによって商業運航を開始した。エンジンはGE90-77Bだった。

ANA向け初号機の完成を祝ってボーイング・エバレット工場で行われた七夕祭り。日付は「平成7年7月7日」だった。なお、日本就航時には尾翼を「777」の機種名にした特別塗装でデビューした。

続々と登場した派生型
主力機の座を固める

　777は発表と同時に大ベストセラーとなったので、商業運航が始まると世界中でその姿を見るようになった。日本への導入も早く、「ワーキング・トゥゲザー」で開発に参加した日本航空と全日本空輸はもちろん、日本エアシステムも1996年暮れに777-200を導入、鮮やかなレインボーカラーで親しまれた。

　好調の777ではすぐに胴体延長のバリエーションが開発された。まず777-200就航直後の1995年6月、胴体延長型の777-300の開発がローンチした。-300は主翼の前後で胴体を10.13m延長し、合わせて非常口の増設、後部胴体下部へのテールスキッド追加、地上走行用のカメラシステム装備などの改修を行ったモデルで、全長が73.9mまで伸び、客席数は最大550席と747クラシックに匹敵する大型機となった。航続距離は標準仕様でも11,140kmとなり、これは747クラシックを凌ぐ性能だ。777-300は1997年10月16日に初飛行し、1998年5月よりキャセイパシフィック航空により運航開始した。

　2000年2月には、さらに航続距離を拡大した777-200LRと777-300ERのローンチが決まり、777-200/-300をベースにまず777-300ERの開発が始まった。長大な航続距離を持つこの二機種の主翼には、主翼の抵抗軽減のため767-400ERで実績のある主翼端部のレイクド・ウイングチップの採用が決まり、どちらも全幅が64.8mとさらに伸びた。胴体全長はそれぞれベースとなった777-200および-300と同じだが、燃料タンクの増設と主翼改修の性能向上に伴い777-200LRは17,372km、777-300ERは14,686kmとどちらも長大な航続能力を得ることになった。777-200LRは「ワールドライナー」の愛称を持ち、エアバスA350-900ULRが登場するまでは世界最長の航続距離を誇っていた。

　また、777-300ERは初期の777シリーズの中で最大のベストセラーとなった777ファミリーの代表モデルである。2001年の同時多発テロの影響で777-200LRの開発は中断され大幅に遅延したが、777-300ER開発は計画通り進んで2002年11月14日にロールアウトし、2003年5月からエールフランス航空によって運航が開始された。一方の777-200LRも2005年3月8日には初飛行し、2007年2月27日にパキスタン航空へ引き渡された。

　旅客機として大成功した777はフレイターとしても成功している。2005年5月のエールフランス航空の5機発注で開発された貨物型の777Fは、長距離型の777-200LRに-300ERの燃料タンクと強化型降着装置を組み合わせたモデルだ。347,800kgの最大離陸重量に103,700kgのペイロードを持ち、9,204kmの航続距離を誇る。2008年7月14日に初飛行し、エールフランス航空を皮切りに、フェデックスなどで250機近く運航されるフレイターのベストセラーである。

新技術投入の次世代型777
開発難航でデリバリー遅延

　こうして1994年のデビューから業界トップの座を守り続ける777に対し、ボーイングは

2009年から最新技術を初期モデルにレトロフィットする性能向上パッケージPIP（Performance Improvement Package）を導入して初期777モデルの近代化と競争力維持を図った。しかし、ボーイングが発表した次世代機787に対抗したエアバスの自信作A350XWBが登場すると、ついに777の新世代機となる777Xが発表された。

2013年6月のA350-900初飛行に対抗して同月のパリ航空ショーで発表された777Xは、傑作機777の長所を受け継ぎながら787の技術とノウハウを大胆に取り入れた先進機で、777-9と777-8の二種のバリエーションを持つ。両モデル共通の主翼は787の技術フィードバックで全複合材製の新設計となり、レイクド・ウイングチップを採用した全幅は71.8mと長大だ。このため今回は主翼端折り畳み機構が標準装備となっている。

エンジンも両モデル共通でGEが777X専用に開発するGE9X-105B1Aの一種類のみ。ファン直径3.4mは現在世界最大で、バイパス比10:1の高バイパス比高出力エンジンは兄弟モデルのGE90シリーズと並び世界最高クラスの出力だが、燃費も従来に比べ10%向上している。

胴体は従来設計が基本で直径も同じ6.20mだが、777-9ではこれを76.8mまで延長したので747-8やA380を超えて世界最長の巨大な旅客機となった。客席数は2クラスなら426席、航続距離は13,936kmである。一方777-8の全長はやや短く69.79m、客席数は2クラスで384席、航続距離は16,094kmと777-200LRに迫る。777Xの高性能と大きな輸送力は当然ながら経済性もさらに向上させることとなり、777-300ERに比べても13%低いシートマイルコストを実現するはずだ。

サイズ、性能、経済性のいずれも現在の最高レベルに位置する777Xだが、その反面エアラインにとって重要な価格が競合機より少々高い。公表されたリストプライスで比較すると、777-9の4億2,580万ドルに対し、強敵となるA350-1000は3億6,600万ドルで開きがある。この辺りをエアラインはどう見るだろうか。

発表直後にはローンチカスタマーのルフトハンザ ドイツ航空から34機を確定受注し、直後のドバイ航空ショーで中東エアラインを中心に259機の受注を積み上げて開発をローンチした777Xは、当初2019年中の就航を目指して開発が進められた。計画は遅延して2020年1月25日には777-9の初飛行に成功するまで漕ぎつけたが、737MAXの大事故や初飛行と同時期に起こったコロナパンデミックの影響をまともに受けて、その後の開発はさらに遅れている。今のところ最初のデリバリーは2025年中を予定しているということだが、2024年早々に発生した737MAX9のドアプラグ脱落事故が今の状況に追い打ちをかける可能性も否定できない。こうした流れも関係するのか、ここ数年はエアバスに押され気味のボーイング。この悪い流れを早く断ち切る意味でも、777Xが一日も早くデビューすることが期待される。

Charlie FURUSHO

長胴・長距離型の300ER型が登場すると777はそのポテンシャルをフルに発揮し、長距離国際線においても主力機の座を占めた。かつては四発機や三発機の牙城だった成田空港でも777の姿が目立つようになった。

■ オーソドックスだが巨大

777の基本形は、767の拡大版ともいえるオーソドックスなものだ。そのためANAは導入当初に尾翼の「ANA」ロゴを「777」に変更して新型機であることをアピールした。ただし、機体規模としては747のアッパーデッキを除いたものに近い。

▍ディテール解説

ボーイング777の
メカニズム

写真と文＝
阿施光南

大型の双発ワイドボディ機として誕生したボーイング777。
標準型の200型、胴体延長型の300型に加え、
航続距離延長型の200ER/300ER/200LR型が登場したことで、
長距離路線においても主力機の役割を担うようになった。
複合材料を多用した近年の新型機とは違い、胴体構造などは従来の金属製ではあるものの、
ボーイング機としては初となるフライ・バイ・ワイヤ操縦システムを導入するなど革新的な技術が盛り込まれ、
世界最大級の高出力エンジンを装備したことで
双発機の常識を超えるパフォーマンスを実現したのが777である。

■ 新しいアルミ合金

777はエバレット工場で製造されている。機体材料はほとんどがアルミ合金だが、飛行機はただ大型化しても重量過多・推力不足に陥る宿命にある（二乗三乗の法則）。そこで777用には新しいアルミ合金が開発され軽量化が図られている。

■ 真円断面　　777

767

777はボーイングの旅客機としては初めて胴体に真円断面（直径6.2m）を採用した。機首まわりのラインやコクピット窓、レドームは767と共通だが、正面から見ると胴体の太さや断面の違い（767は幅5.03m×高さ5.41m）がわかる。

開発コンセプト
747に迫る輸送力と進化した操縦システム

　777は、767と747の間を埋める400席クラスの旅客機として、また国内線から国際線まで幅広い路線に対応できるよう作られた。たとえば日本では国内線にも747が投入されていたが、これは世界的には異例であり、現に747の短距離モデルを発注したのはJALとANAしかなかった。こうした路線に投入されるのは双発のA300や三発のDC-10、トライスターなどであり、その後継需要を狙える旅客機をボーイングは持っていなかったのだ。

　外観はきわめてオーソドックスな双発機で、767を拡大しただけのようにも見える。それはレドームからコクピット窓にかけての機首まわ

りが767と共通であるという理由もある。ただし規模としては、むしろ747からアッパーデッキを取り払ってしまったものと考えた方が近い。胴体径は747よりはやや小さいものの同じく横10席配列にシートを装備でき（当然ながら1席あたりの幅は狭い）、長胴型の777-300では最大座席数が500席を超える。それだけ大きな機体を、双発で実現したというのが777の最大の特徴といえる。

　双発機はエンジン故障に備えて、残る1つのエンジンだけで離陸できなくてはならない。そんな強力なエンジンが777実現の大前提だが、推力は十分でも機体のコントロールにはむずかしさが残る。強力なエンジンが機体の中心線から外れた場所にあり、しかも故障したエンジンは巨大な空気抵抗になる。そのままでは機体は大きくバランスを崩してしま

■ 2種類の胴体長

777-200（手前）に対して777-300（奥）では胴体が10.2m長くなっている。さらに主翼の上にも非常口が追加されており、最大座席数は440席から550席へと増加した。ちなみに最大550席というのは、アッパーデッキの短い747-100/-200と同じである。

■ 非常口

非常口はすべて大型のタイプＡで、緊急脱出用スライドシュートもダブルレーン（乗客2名が並んで滑ることができる）だ。ドアは左右ともに前方に向けて開き（つまり機内から見ると開く方向が異なる）、外の様子を確認するための窓がついている。

■ 機首部形状

767とほぼ共通の機首部。ここだけでは識別がむずかしいが、機首の周辺のプローブ類の配置が手がかりとなる。黒い丸く見えているのは上がAOA（迎角）ベーン、下がTAT（全温度）計で、さらに下がピトー管。767ではピトー管が高い位置についている。

■ 翼胴フェアリング

胴体と主翼の取付部のフェアリングは、空気抵抗を減らすと共に、内部にはキャビンを与圧するための空気の圧力や温度を調整する装置（PACK）を収めている。四角く開いた穴は、圧縮されて高温になった空気を冷やすための空気取入口だ。

うから、777には推力の不均衡を感知して自動的に姿勢を修正するTAC（Thrust Asymmetry Compensation）がつけられた。またそれだけが理由ではないが、ボーイングは777の操縦系統にコンピューターを使ったFBW（Fly By Wire）を初めて導入することにしたのである。

胴体
ボーイング機として初の真円断面採用

DC-10（トライスターもほぼ同じ）の中央エンジンを撤去してみると、標準型の777-200とそっくりになる。全長はDC-10の55.55m（10型）に対して777-200は63.73mでやや長いが、胴体幅は6.02mに対して6.20mで大きな差はない。DC-10の後継需要を狙うならば空港スポットも改修なしで使えた方がいいから、機体規模も同じくらいの方がいいわけだ。

ただし最大座席数はDC-10-10の400席未満に対して777-200は440席まで設定可能で、航空需要の増加にも対応できるようにしている。これは中央エンジンを装備しない

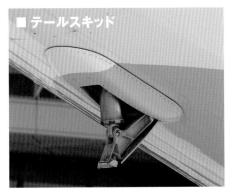

■ テールスキッド

胴体が長い777-300では、機首を引き起こす離着陸時の尻もちに備えてテールスキッドが追加された。ただしテールスキッドやその取付部には胴体を支える強度はなく、これで後部を擦ったことが確認されたならば後で構造点検を行う必要がある。

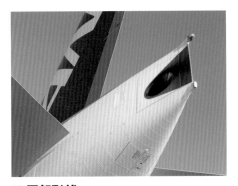

■ 尾部形状

胴体後端は偏平な形をしており、左側にAPUの排気口が開口している。円錐形に胴体が細くなる767との違いのひとつで、より有利な理由があるのかもしれないが787や737MAXは767に近い円錐型を採用。777Xはやはり偏平なままで作られている。

■ 床下貨物室

床下貨物室には、コンテナを44個搭載することができ、これは747の床下貨物室よりも多い。また胴体が細くなるためにコンテナを搭載できない後部はバラ積みの貨物室（バルク）として使われており、ここだけで4トンもの貨物を積むことかできる。

777では胴体後方まで有効に使うことができるのと、非常口として大型のタイプAを片側4か所装備しているためである（DC-10はタイプA×3とやや小型のタイプI×1）。

また777は、ボーイングとしては初めて胴体に真円断面を採用した旅客機だ。機内を与圧する旅客機は、構造的には真円断面が最も効率がよく軽量にできる。だが、真円断面はモノを収めるには不便な形である。同じく真円断面のA330は、ちょうど乗客の肩付近でキャビンが狭まっていくのでやや圧迫感があるし、他の旅客機の多くは大小の円を重ねたような断面などとして客室と床下貨物室の両方の広さを確保している。しかし777は大直径のため真円のままでも客室と貨物室の両方のスペースを適切に確保できた。

天井裏には大きなスペースが空いてしまうが、ここには長距離型を作るときのクルーレスト（休憩用スペース）などを設けることができる。天井裏に余裕のないA330は床下にコンテナ型のクルーレストを設けたが、それだけ搭載できる貨物は少なくなっている。

なお長胴型の777-300の全長は73.9mで、A340-600が登場するまでは747-400をしのぐ世界最長の旅客機だった（現在でも双発機としては世界最長）。

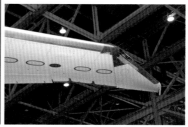

■ 主翼　777-200/-200ER/-300に対して、777-300ER/-200LRは重量増加に対応して翼端を延長。形状もレイクドウイングチップとして誘導抵抗を小さくしている。右端の写真は工場で撮影されたもので、古い翼端部分をカットして新たに延長された部分がよくわかる。

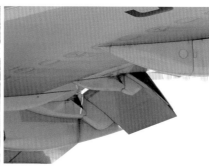

■ フラップとエルロン

重整備中の777-300ERの主翼（左）。フラップは内側が二重隙間式で外側は単隙間式。間のエルロンは整備中のために取り外されており（左写真）、これはフラップと連動して下がるフラッペロンになっている。外側エルロンは高速時に中立位置でロックされる。

翼と高揚力装置
経済性を重視した細長い主翼

　DC-10と777-200のサイズで大きく異なるのは翼幅で、DC-10（10型）の47.35mに対して777-200は60.93mもある。これは、より多くの乗客、より遠くに飛ぶための燃料で重くなる機体を飛ばすために大きな主翼が必要になったということもあるが、スピード重視の時代に作られたDC-10と経済性重視の777の違いもある。翼は横に細長い（アスペクト比が大きい）方が抵抗が小さくなるのだ。

　とはいえ777は高速性を犠牲にしたわけではない。後退角は31.6度で767とほぼ同じだが、高速巡航を可能にしつつも翼厚が大きな翼型を開発。厚い翼は構造的に軽くできるだけでなく、内部に多くの燃料を搭載できるために長距離型の開発にも有利になった。ちなみに1990年代には747-400にしても

A330/A340にしてもMD-11にしても翼端にウイングレットをつけるのがブームだったが、777はウイングレットを装備しておらず長距離型の777-300ERでも翼端を斜め後方に向けて延長したレイクドウイングチップを採用している。これをさらに滑らかな曲線で結んだものが787や777Xの主翼に発展していく。

　問題は、翼幅が大きすぎるとDC-10などに合わせて作られた空港スポットに入れなくなる可能性があるということで、その対策としてボーイングは777の主翼を折り畳み式とした。現在開発中の777Xも翼端部3.5mを折り畳んで翼幅を64.85mにしているが、初期の折り畳み翼は外翼部を6.25mも折り畳んで翼幅をDC-10の47.5mとする計画だった。ただし、実際にこのオプションを採用した航空会社はなかった。

　また777では、747の三重隙間フラップのような複雑な機構ではなく二重隙間フラップで

■ 翼型

777の翼型は高速巡航が可能ながら翼厚を大きくできるもので、構造上も有利であるだけでなく翼内燃料タンクの容量も大きい。後縁部分の突き出しはフラップの作動機構を収めたフェアリングで、内側フラップの一方は胴体内に収められている。

■ 燃料タンク

燃料は主翼下の給油口から圧力をかけて送り込む。燃料タンクは左右のメインタンクと中央タンクの3つに分かれており、777-200/-300では中央翼に燃料タンクを設けていなかったが、航続距離を伸ばしたER/LRは中央翼に燃料タンクを増設した。

■ 垂直尾翼

垂直尾翼は一次構造材にCFRP（炭素繊維強化プラスチック）を採用している。ラダーには大きなタブがついているのが特徴だが、これは大推力エンジンの片発停止時のバランスの崩れを補うために十分な横方向の揚力を発生させるためだ。

■ 水平尾翼

胴体に接続される前の水平尾翼。主に荷重を受け持つトルクボックスはCFRP製で、左右一体のがっちりとした造りだ。なお水平尾翼はトリムを取るために取付角度を変更できるようになっており、後桁（エレベーター接続部付近）を軸に前縁側を上下させる。

十分な離着陸性能を確保し、重量や整備の手間、騒音を軽減した。エルロンはそれまでのボーイング機と同じく内側と外側の2か所にあり、高速では外側エルロンが中立位置で固定、また内側エルロンはフラップと連動して下がるフラッペロンとなっている。

エンジン
世界最強最大のハイパワーエンジン

　世界最大の双発機である777のためには、世界最強のエンジンが開発された。より大型で重い747を飛ばすにはより大きな推力が必要だが、それは1発故障時でも3つのエンジンで分担すればいい。しかし、777は1発故障時には1つのエンジンで飛べなくてはならない。そのため初期の777用エンジンでも約35トンの推力を発生したが、これは747-400用のエンジンの約1.3倍である。あるいは用途や要求性能はまるで違うとはいえ航空自衛隊のF-15戦闘機が装備しているF100エンジン（アフターバーナー使用時）の約3倍もの推力になる。

　777には第1世代の777-200/-300/-200ER、第2世代の777-300ER/-200LR、そして第3世代の777Xがあるが、第1世代にはプラット＆ホイットニーPW4000、ゼネラル・エレクトリックGE90、ロールスロイス・トレント800の3種類のエンジンが用意された。いずれも747などで実績のあるエンジンをベースにより大型のファンを装備したもので、エンジンの直

■ PW4000エンジン

777-200/-300に装備されたPW4000エンジン。3社のエンジンを選べたが、JALとANAはPW4000を選定した。ただし同エンジンは想定外に早い疲労破壊の可能性により2021年に飛行停止となり、JALの777の退役を加速するきっかけとなった。

■ GE90エンジン

777-300ERの唯一のエンジンであるGE90は、現在でも史上最強の航空機エンジンのひとつであり後継のGE9Xよりも推力が大きい。エンジンの太さ（幅）は737の胴体とほぼ同じ3.76mで、CFRP製（前縁はチタン合金）のファンの直径は3.3mある。

■ スラストリバーサー

スラストリバーサーを作動させたGE90。最近は騒音防止などの観点から逆噴射で前方に強い排気を出すことは少ないが、アイドルでも大きな推力を発生してしまうエンジンの後方排気をせき止めるだけでも着陸滑走距離を短縮する効果がある。

■ 補助動力装置

機体後部に搭載されたAPU（補助動力装置）。主エンジン停止時に電気や油圧、空調を供給できる、小型ながらジェットエンジンと同じ仕組みで駆動して出力は約900軸馬力に達するから、7人乗りクラスのヘリコプターとほぼ同じである。

径は3mを超えてほぼ737の胴体に匹敵する。

第2世代の777にはさらに強力なエンジンが必要とされたが、それだけ強力なエンジンの開発には莫大な費用がかかり、それを3社で競合するのはリスクが大きい。そこでボーイングはGE90の改良型（GE90-115B）のみを装備するようにしたが、これはファン直径をさらに大型化（3.1mから3.3m）し、50トンを超える推力を実現したものだ。

また777X用には、これをさらに改良したGE9Xが開発されたが、777Xの最大離陸重量は777-300ERと同等のためさらなる推力増加の必要はなく、代わりに燃費の向上が図られている。そのためファン直径をさらに拡大（3.39m）し、バイパス比は10に達した。

ランディングギア
重重量を支える片側6輪のメインギア

747はランディングギアを5本装備した（ノーズギア1本とボディギア、ウイングギア各2本）が、777は3本（ノーズギア1本とメインギア2本）だ。ただしランディングギアが少ないと空港の路面に対する荷重が大きくなるため、空港の路面強度によっては運用が制限されることになる。そこでメインギアには1本あたり6輪のタイヤを装備して荷重を分散させるよう

ランディングギア　Landing gear

■ **メインギア**

777-300ER（上）と、それ以外の777（下）のメインギア。画面右手が機首方向。777-300ERには脚柱から前方タイヤの側に向けて斜めの油圧アクチュエーターがついているのがわかる。離陸時にはこれを縮めて後方タイヤを押し下げるようにする。

■ **メインギアの機構**

前方から見た777-300ERのメインギア。セミレバー機構のための油圧アクチュエーターがよくわかる。また777各型共通だが、最後方のタイヤはノーズギアに合わせて左右にステアリングするようになっており、後方から見るとその機構もわかる。

■ **セミレバー機構**

離陸する777-300ERのメインギアは、セミレバー機構が働いて最後方のタイヤだけが最後まで機体を支える。たまたま最後のタイヤだけが着いているのではなく、油圧の力で機体を押し上げるようになっているのだ。

■ **ノーズギア**

ノーズギアは各型共通だが、重量の大きな777-300ERは特に強度が高い。それは重い機体を支えるためでもあるが、トーイングやプッシュバックではここに繋いだトーバーだけの力で機体を押し引きするために、大きな強度が必要になるためである。

にしている。また747では最後部のボディギアは地上での旋回時にノーズギアと連動して左右にステアリングできるようになっていたが、777ではメインギアの6輪のうち最後部の2輪のみがステアリングできるようになっている。

　777は、主翼の下に737の胴体に匹敵する大直径エンジンを装備するためランディングギアも長くする必要があった。結果としてキャビンの床面の高さは、747のメインデッキよりもさらに高くなっている。また、こうして長いランディングギアを備えたことによって、胴体を大きく延長することも可能になった。

　ただし第1世代の777-300と第2世代の777-300ERとでは、最大離陸重量が大きく

■ ビジネスクラス（ANA「THE Room」）

好評だったそれまでのスタッガードシートの後継は、従来のビジネスクラスの常識を打ち破った個室タイプの「THE Room」。その広さや豪華さだけでなく、前向きのシートと後ろ向きのシートが交互に並ぶというユニークな配置も話題になった。

■ ファーストクラス（ANA「THE Suite」）

2019年から導入されたANAの777-300ERの新ファーストクラス「THE Suite」。スライドドアを備えた個室タイプのシートで、日本建築のよさを意識した木調パネルを多用。大型の個人用モニターは4Kにも対応したものだ。

■ 電動シェード

ファーストクラスとビジネスクラスの窓には、電動のシェードを装備。乗客の利便性向上だけでなく、機内照明を暗く落とすときなどにCAが個室シートに入っていくことなくコントロールパネルから一括して操作できる。

■ プレミアムエコノミー（ANA）

プレミアムエコノミーのシートは同じ年にデビューしたA380に装備されたのと基本的に同じだが、キャビン幅に合わせてアレンジされている。シートカバーの柄にはいくつかの種類があって、統一感を保ちながらも多彩なイメージを演出。

■ エコノミークラス（ANA）

エコノミークラスのシートも基本的にはA380などで使われているのと同じだ。背面のシェルは明るいグレーで、上部に13.3インチのタッチスクリーン式個人用モニターを配し、ユニバーサルAC電源やUSB電源なども備えている。

違う。いくら777-300ERが強力なエンジンをつけているからといって、そのままでは離陸滑走距離が長くなりすぎて、運用できる空港が限られてしまう。より短い距離で離陸するためには機首を大きく上げて揚力を増やしてやる必要があるが、胴体の長い777-300ERにはそれも限界がある。そこで777-300ERのメインギアは離陸時に機首を引き起こすと後方タイヤのみで機体を支えられるようにして高さを稼ぎ、より大きな機首上げを可能にするセミレバー機構が設けられている。

キャビン
フラッグシップにふさわしい内装も

　フラッグシップは、その航空会社のサービスを象徴するものだ。ANAは国際幹線のフラッグシップを747-400から777-300ERに交代させたあと、新技術を盛り込んだ787や世界最大のA380を導入し、それぞれに新たな快適さを追求してきた。そこで2019年から導

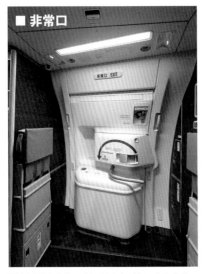

■ 非常口

機内から見た非常口。ドアセレクターがアームドポジションにセットされていれば、ドア開放と同時にスライドシュートが展開する。スライドシュートはドア下の大きなふくらみの中に畳んだ状態で収められている。

■ ギャレー

座席数が多く飛行時間の長い路線に投入されることが多い777-300ERは、機内食などの収納のために大きなギャレーを必要とするが、さらに多彩なサービスのための電子レンジなども装備している。

■ ラバトリー

ファーストクラスとビジネスクラスのラバトリーには温水洗浄便座を装備。温水洗浄便座は787に合わせて準備が進んでいたが、787の開発が遅れたために最初に装備して就航したのは777-300ERだった。

■ 777Fのメインデッキ貨物室

胴体の太い777はフレイターとしても優れていて、ANAも777Fを導入している。最大積載量では747には及ばないものの燃費のよさは圧倒的であり、パイロットの資格も旅客型と共通である。もちろん床下貨物室も旅客型同様に残されている。

■ 777Fの客席

777Fには乗客は乗せないが、社員の出張や特別な貨物(競走馬や美術品など)の荷主を同乗させる場合に備えて4つの客席が設けられている。シートは昔のビジネスクラスに近いが、エンターテイメントシステムはなくアルコールも禁止だ。

入された777-300ER新造機には、これらを上回る新たなキャビンが導入された。

新しいファーストクラスシート「THE Suite」は、居住性・機能性を最大限に高め、極上のくつろぎを味わえる唯一無二の空間として開発された。デザインを監修したのは日本を代表する建築家の一人で、ANAの空港ラウンジも手掛けた建築家の隈研吾氏とイギリスのデザインコンサルタント会社アキュメン。スライドドアを備えた個室型シートで、和のテイストや日本建築のよさを取り入れた木調パネルを多用。43インチ大型個人用モニターは世界ではじめて4KならびにフルHD画質に対応している。

ビジネスクラスの「THE Room」も同クラスとしてANA初となるスライドドアを備えた個室空間で、やはり隈研吾氏とアキュメンの監修によるもの。日本の伝統的な木造建築をイメージさせるデザインで、ビジネスクラスとしては世界最大級のシート幅(最大部分は在来シートの約2倍)を誇る。4KならびにフルHD対応の個人用モニターは、それまでのファーストクラス用モニター(23インチ)をもしのぐ大きさだ。

■ コクピット 基本的なレイアウトは747-400とほぼ同じ777のコクピット。ただしスラストレバーが2本であること、その両側に画面上のカーソルを移動するためのCCDが追加されていることなどの違いがあり、細かな使い勝手や広さはさらに改善されている。

プレミアムエコノミーのシートは、同じ2019年に就航した787-10やA380のものと基本的に同じ仕様で、シートピッチは約97cm（38インチ）、幅は約49cm（19.3インチ）。6方向に調整可能なヘッドレストのほか、レッグレスト、フットレスト（最前列席を除く）を装備。またエコノミークラスのシートも、基本仕様は787-10と共通だが、787よりも胴体幅が広いため、3-3-3席の9アブレストから、3-4-3席の10アブレストに変更されている。

コクピットとフライ・バイ・ワイヤ
機能面の進化に加えて
人間工学的な配慮も

777のコクピットは747-400とよく似ており、PFD（主飛行ディスプレイ）やND（航法ディスプレイ）、EICAS（エンジン表示＆クルー警報システム）などのディスプレイの大きさ（8×8in）や配置も同じだ。ただしディスプレイには旅客機として初めてCRTではなくLCDが採用され、747-400では下部EICASだったディスプレイはMFD（多機能ディスプレイ）として電子チェックリストなど従来にはなかった機能をインタラクティブに操作できるようにしている。また機能面だけでなく人間工学的にもよく配慮されており、たとえば「コーヒーカップ・ホルダーを使いやすく」とか「クリップボードなどを、もっと使いやすく収納できる場所がほしい」などといった要望も取り入れられている。さらに乗員に評判がよいのは広さで、細いアッ

■ コントロールホイール

パイロット目線で見た機長席。ボーイングは777で初めてFBWを採用したが、エアバスのように新しい操縦方法ではなく「在来機と同じように操縦できる」ことを目標にした。その象徴がコントロールホイールで、操舵力も在来機同様に再現されている。

■ スラストレバー

コントロールホイール同様に777らしいスラストレバー。エアバスのスラストレバーがオートスロットルでの飛行中はほとんど固定されるのに対して、777のスラストレバーはエンジン出力に応じて動くため、パイロットはその状態を把握しやすい。

■ 主ディスプレイ

8インチ四方の正方形ディスプレイ（左がPFD、右がND）には、旅客機として初めてCRT（ブラウン管）ではなくLCD（液晶ディスプレイ）が採用された。現代では驚かないが、当時の一般用LCDは視野角の狭さや残像などの性能でCRTよりも劣っており、777のLCDの鮮明さは画期的といえた。

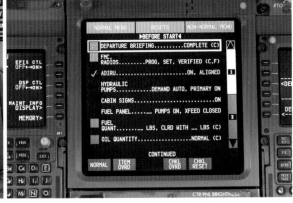

■ 多機能ディスプレイとCCD

従来の下部EICASはMFD（多機能ディスプレイ）となり、電子チェックリストなどインタラクティブな操作が可能になった。また画面上のカーソルを動かすために新たにCCDと呼ばれる装置が追加され、ノートPCのタッチパッドのように指を滑らせて操作できるようになった。

■ オーバーヘッドパネル

オーバーヘッドパネルの前方には外部ライトやワイパーのスイッチがついているが、あとは飛行中にあまり操作する必要のないシステム関係（基本的に自動制御される）のスイッチなどが配置されている。

パーデッキの先端にあるため窮屈だった747-400と比べると、かなりゆとりのある空間になっている。

　だが777のコクピットの最大の特徴は、ボーイング機としては初めてFBWが採用されたということだろう。FBWではパイロットの操作はコンピューターへの指示であり、それを実行するためにどの舵をどのくらい動かすかはコンピューターが判断する。そのためエアバスは思い切ってサイドスティックによる新しい操縦方式を採用したが、ボーイングは非FBWの在来機と同じように操縦できることを重視した。エアバス機と同様に異常姿勢や失速を

防ぐためのプロテクションも備えてはいるが、その限界が近づくにつれて操舵力を増すなどしてパイロットに自然なメッセージを送るようになっている。それを無視してさらに強引に操作し続ければ失速に入れることも可能だが、これは失速や異常姿勢に入れるのが目的ではなく、コンピューターが機体の状態を感知するセンサーが故障した場合などに、それをオーバーライドするためである。

中距離機から長距離機への飛躍
ボーイング777
派生型オールガイド

かつて四発機や三発機の牙城であった長距離国際線において
双発機の時代を切り拓いたという意味で、革命的な役割を果たしたとも言えるボーイング777。
現在の民間航空業界では路線距離を問わず双発機で運航されるのが常識となっているが、
変革をもたらした777といえどもデビュー当初から長距離機として活躍したわけではない。
その性能と信頼性の高さが認められ、洋上飛行を伴うような長距離路線における
双発機の運航制限の緩和を勝ち取る形となった777は、
航続距離の延長に主眼を置く形で派生型を増やしていったのである。

文=久保真人

ボーイング**777**

　ボーイング747が中・長距離路線を席巻していた1989年初頭に開発の検討が始まった大型双発機。当時ボーイングは、120〜180席級の新世代737、200席級の757、230〜290席級の767、そして450席級の747というリージョナル機以上をフルカバーする強力なラインナップで絶大なシェアを獲得していた。しかし、767-300と747-400の間を埋める350〜400席は三発ワイドボディ機のDC-10とL-1011が独占しており、唯一の弱点となっていた。このボーイングの空白地帯は、1980年代後半になるとマクドネル・ダグラスがMD-11、A320の成功で急成長していたエアバスがA330/A340の開発を開始してマーケットを独占しようとしていた。

　ボーイングは欠けていたこのセグメントを埋めることを目指して、1989年初頭に開発を開始したのが後に777となる大型の双発機だった。現在はストレッチ型や長距離型などの派生型が加わり、747に代わる大型のロングレンジャーとして世界の主要路線の主役として運航を続けている。

777 Specifications

	777-200	777-200ER	777-300	777-300ER	777-200LR
全幅	60.93m	←	←	64.80m	←
全長	63.73m	←	73.86m	←	63.73m
全高	18.50m	←	←	←	18.60m
翼面積	427.80㎡	←	←	436.80㎡	←
エンジンタイプ（推力）*	PW4077 (35,017kg) GE90-B5 (34,654kg) Trent 877 (33,974kg)	PW4090 (41,050kg) GE90-B4 (38,419kg) Trent 884 (38,238kg)	PW4098 (44,452kg) Trent 890 (40,823kg) —	GE90-115BL (52,299kg) — —	GE90-110BL (49,895kg) — —
最大離陸重量**	229,500〜247,210kg	263,080〜293,390kg	263,080〜299,370kg	351,535kg	347,452kg
最大着陸重量**	200,050〜201,800kg	204,080〜206,350kg	237,680kg	251,290kg	223,168kg
零燃料重量**	190,470kg	195,000kg	224,530kg	237,683kg	209,106kg
燃料搭載量	117,300L	171,000L	169,210L	181,283L	—
最大巡航速度	M0.84	←	←	←	←
航続距離**	9,700km	13,080km	11,165km	13,649km	15,843km
最大座席数（2クラス）	375	←	451	339	279
初就航年	1995	1997	1998	2004	2006

	777F	777-300ER (SF)	777-9	777-8	777-8F
全幅	64.80m	←	71.75m(64.85m)***	←	←
全長	63.73m	73.86m	76.72m	70.86m	←
全高	18.60m	←	19.68m	19.48m	19.51m
翼面積	436.80㎡	←	516.7㎡	←	←
エンジンタイプ（推力）*	GE90-110BL1 (49,895kg)	GE90-115BL (52,299kg)	GE9X	←	←
最大離陸重量**	347,885kg	351,535kg	351,500kg	←	365,100kg
最大着陸重量**	260,816kg	251,290kg	N/A		
零燃料重量**	248,115kg	237,683kg	N/A		
燃料搭載量	181,283L	←	197,360L	←	←
最大巡航速度	M0.84	←	N/A		
航続距離**	9,200km	8,610km	13,500km	16,190km	8,170km
最大座席数（2クラス）	—	—	426	395	
初就航年	2009	—			

*代表的なエンジンタイプ　**最終生産型　***（ ）は主翼折りたたみ時

777-200
中距離路線をターゲットにした
ベーシックモデル

777-200

Tokio Sato

　ボーイングが767-300と747-400の間を埋める350〜400席級の大型双発機計画の検討を開始したのは1989年初頭だった。当初は767を大型化した派生型の767-Xとして基礎研究を進めて航空会社に提案したが、航空会社からの要望は767の派生型を越えた、さらなる大型機だった。この結果を踏まえ、新たな胴体と主翼を備えた新型機の開発に舵を切った。胴体の直径は747に匹敵する6.2m（747は6.5m）としてモノクラスのハイデンシティ・シート配置では最大440席となり、ウイングスパンは767よりも10m以上、在来型747よりも約1.3m長い世界最大の双発機のデザインがまとめられた。

　ボーイングは、767-X計画の段階から767と同様に日本の航空産業と共同開発することになり、全体の開発・生産工程の約20%を分担することになった。具体的にはナンバー1とナンバー2ドアの中間部分から後方の胴体部の大部分、中央翼、翼胴フェアリング、主翼桁間リブなどで、川崎重工業、三菱重工業、富士重工業（現在のSUBARU）が中

心となって開発と製造を行っている。

　この新型双発大型機に対し、ユナイテッド航空が1990年10月15日に確定34機、オプション34機を発注したことで同年10月29日にローンチした。この時、777と正式命名されている。続いて同年12月19日にANAが確定18機、オプション7機を発注、1991年以降もブリティッシュ・エアウェイズ、タイ国際航空、ユーラルエア、JAL、キャセイパシフィック航空、エミレーツ航空、中国南方航空などが次々と発注することになった。さらに、1993年3月24日にJASが747-400の発注変更により777の導入を決定したことで、日本の大手3社が揃って777を導入することになった。

　777の開発ではユーザーであるエアラインも機体の開発に参加する「ワーキング・トゥゲザー」という試みが初めて行われている。従来機も開発段階で発注したエアラインの意見を聞くことはあったが、777ではエアラインの技術スタッフがエバレットやレントンに常駐して開発作業に参画した。参加メンバーはローンチカスタマーのユナイテッド航空をはじめ、ANA、ブリティッシュ・エアウェイズ、JAL、そしてキャセイパシフィック航空の5社で、機体仕様、装備品、ワイヤ類の配線、マニュアルやデータベースの作成などで提案を行っている。

　例えば、777ではウイングスパンが747よりも大きくなったことで、空港のスポット制限を抑制するために主翼を先端部分で折りたたむ機構を採用することになっていた。しかし、ANAは重量増などを懸念して主翼の折りたたみ機構を標準仕様ではなくオプションにすることを提案して採用されている。また、ANA

の提案では軽量で耐久性の高いラジアルタイヤの標準化、整備用ハッチの客室床への取り付けなど、230件以上が設計に取り入れられることになった。JALもメンテナンスとパイロット用のマニュアル作成、JALが開発した故障データベースシステムの提供、コクピット計器の表示フォーマットの改善、前脚に備えられたパーキングブレーキライトの仕様の決定などに貢献している。

777は機体の大きさに注目が集まったが、ボーイング機では初めてフライト・コントロール・システムにフライ・バイ・ワイヤ（FBW）が採用されたことが特筆される。すでに旅客機ではエアバスがA320でFBWを実用化しており、従来の操縦輪に代わり採用されたサイド・スティックがFBWの象徴になっていた。しかし777では、従来と同じ操縦輪を踏襲して、操作フィーリングも従来機と同様に人工的に再現されている。これは最終的なジャッジは人間（パイロット）が下すというボーイングの考え方の表れでもある。

コクピットの計器盤は767とは異なり、すでに実用化していた747-400のデザインを踏襲した2基のプライマリー・フライト・ディスプレイ（PDF）と2基のナビゲーション・ディスプレイ（ND）、そしてエンジン表示・クルー警告システム（EICAS）とマルチ・ファンクション・ディスプレイ（MDF）の6面の表示装置をメインに配置。ただし、表示装置はCRT（ブラウン管）からLCD（液晶ディスプレイ）に進化している。

エンジンは最終的に74,500〜77,200lbf級のプラット＆ホイットニーのPW4074もしくはPW4077、ゼネラル・エレクトリックのGE90-B3もしくはGE90-B5、そしてロールスロイスのTrent875もしくはTrent877からの選択制を採用している。

最初に開発された777-200はAマーケット型といわれ、最大離陸重量は229,500kg、航続距離は7,270km、オプションの重量増加型では最大離陸重量は242,630g、航続距離は8,860kmの中距離モデルとなった。また、767で実績を積みあげてきたETOPS（双発機による長距離進出運航）は、777では型式証明取得前に機体、エンジンともに十分な試験飛行が行われて信頼性が認められたことで、エアラインへの引き渡し段階でFAA（アメリカ連邦航空局）の180分ETOPSが認められている。

777-200の初号機（PW4000装備）は1994年4月9日にロールアウトし、6月12日に初飛行、1995年9月19日にFAAとJAA（欧州統合航空当局）の型式証明を同時に取得した（GE90装備機は1995年11月9日、Trent800装備機は1996年4月6日）。そして1995年5月15日にユナイテッド航空に引き渡され、6月7日のワシントンD.C.（ダレス）〜ロンドン（ヒースロー）線で初就航した。

ユナイテッド航空に次いで777を発注したANAは1995年10月4日に初号機JA8197（LN＝Line Number16）を受領し、11月1日に羽田に到着した。初就航は同年12月23日の羽田〜伊丹線だった。日本では続いてJALが1996年2月15日に初号機JA8981（LN23）を受領して、1996年4月26日に羽田〜鹿児島線で初就航した。続いてJASが1996年12月4日に初号機JA8977（LN45）を受領して、1997年4月1日に羽田〜福岡線で初就航した。日本の3社が導入した777-200はANAが16機、JALが8機、JASが7機の31機で、ANAは国内線と東南アジア線に、JALとJASは国内線に投入している。

777-200は2007年5月までに88機が生産された。最終号機はPW4000を装備してJALに引き渡されたJA773J（LN635）だった。

777-200ER
太平洋線にも就航した長距離仕様機

777-200ER

Tokio Sato

ボーイング777は開発当初から長距離型やストレッチ型を計画しており、まず777-200の中距離路線用Aマーケット型をベースに重量を増加したBマーケット型の開発に着手した。このBマーケット型は当初777-200IGW（Increased Gross Weight）といわれていたが、開発中に767と同様に777-200ER（Extended Range）の呼称に変更されている。

777-200ERはAマーケット型よりも最大離陸重量を263,080〜293,930kgに、搭載燃料を171,000リットルに増やしたことで航続距離を11,600〜13,359kmに延ばしている。

エンジンは当初84,000lbf級のPW4084、GE90-B4、Trent884の3タイプが用意された。後に90,000lbf級のPW4090、GE90-94B、Trent895も選択可能になっている。

777-200ERは1996年10月7日に初飛行して1997年1月17日にFAAとJAAの型式証明を取得した。最初に引き渡されたのはGE90-94Bを装備したブリティッシュ・エアウェ

イズ機で、同年2月9日にロンドン（ヒースロー）〜ボストン線で初就航した。

777の航続距離が延びると180分ETOPSにより大西洋線はもとより、コンチネンタル航空はニューアーク〜成田線に投入して初めて太平洋線にも就航した。2000年には北米エアライン3社が207分ETOPSの認可を受け、ユナイテッド航空、アメリカン航空、デルタ航空でもDC-10やMD-11、初期型の747に代わり太平洋線の主力機として運航を開始している。2001年3月15日にはコンチネンタル航空が香港とニューアークをダイレクトに結ぶ飛行距離13,000km、飛行時間15時間30分という当時世界最長のノンストップ路線に投入して卓越した航続性能を実証している。

日本ではまずANAが1999年11月にPW4090を装備した777-200ERの初号機JA707A（LN247）を受領して東南アジア線に投入し、翌年の5月19日からは成田〜シカゴ線に投入して日本のエアラインとしては初めて双発機による太平洋線の運航を開始した。続いてJALが2002年8月1日に777-200ERの初号機JA701J（LN410）を導入して成田〜北京線に投入、2003年8月1日には成田〜ロンドン線に就航して、日本のエアラインでは初めて双発機による欧州線の運航を開始した。最終的にANAは国内線仕様機も含めて777-200ERを12機、JALは国際線仕様機11機を導入した。

777-200ERは2013年7月までに422機が生産され、最終号機はPW4090を装備してアシアナ航空に引き渡されたHL8284（LN1117）だった。

777-300
在来型747の後継を担う
ストレッチ型

　ボーイングは1995年6月に開催されたパリエアショーで777-200のストレッチ型である777-300の開発を発表した。これを受けてANA、キャセイパシフィック航空、大韓航空、タイ国際航空のアジアのエアライン4社が導入を決めてキャセイパシフィック航空がローンチカスタマーとなった。ANAは同年9月12日に5機を確定発注し、JALも同年10月31日に5機を確定発注した。

　777-300は777-200のBマーケット型をベースに、胴体を主翼前方で5.3m、主翼後方で4.8m延長して全長73.8mとしたモデル。これは当時全長が最も長い旅客機だった747の70.7mを超えることにもなった。胴体の延長を受けて主翼上部にタイプAの非常口を左右1か所ずつ増設し、3クラスでは368〜394席、2クラスでは451〜479席、モノクラスでは最大550席を設定できるようになった。また、777-300は床下貨物室の収容力も大幅に増えており、LD-3コンテナを最大32台搭載可能な777-200に対して44台まで増えている（旅客型747は30台）。

　胴体延長に伴い離陸時に尾部下面を滑走路に接触した際のダメージを軽減するテイルスキッドを装備している。また、主脚と前脚のホイールベースが長くなったことで（777-200の25.9mに対し777-300では31.2m）、GMCS（Ground Maneuvering Camera System）が装備された。このシステムは水平尾翼前縁に設けられた主脚を映し出す小型カメラと、胴体下に設けられた前脚を映し出す小型カメラの映像をコクピットのMDやMFDなどに表示して、狭い誘導路などでの地上走行時にパイロットの操作をサポートする。

777-300

Tokio Sato

　シングルデッキにも関わらず、ダブルデッキの747に匹敵する旅客収容力を持ち、貨物搭載量も大幅に増えた777-300は、747よりも燃料消費は約30%少なく、整備コストも約40%低いとされた。それにも関わらず、747の初期型に匹敵する航続性能を有していることから、経年化が進む初期型747の代替需要に応えるモデルとして期待された。実際にANAとJALは、更新時期が近づいていた747SRの後継機として777-300の導入を決めている。

　エンジンは90,000lbf級のPW4090、GE90-90B、Trent890からの選択制で（GE90装備機の受注はなかった）、まずTrent890を装備した機体（LN94）が1997年10月16日に初飛行した。1998年5月4日にFAAとJAAの型式証明を取得し、5月22日にキャセイパシフィック航空に引き渡されて5月27日に香港〜台北線で初就航した。

　日本ではまず1998年7月9日の羽田〜広島線でANAの初号機JA751A（LN142）が初就航した。続いてJALの初号機JA8941（LN152）が同年8月8日の羽田〜鹿児島線

で運航を始めている。ANA機は2クラス477席、JAL機は2クラス470席で、国内線専用機として運航している。導入時の普通席は3-3-3の9アブレストだったが、後に3-4-3の10アブレストに増席されてANA機は最大524席、JAL機は500席となった。ANA、JALともに7機を導入した。

　日本では近距離の国内線専用機としての導入だったが、キャセイパシフィック航空やシンガポール航空、タイ国際航空はアジア内の高需要中距離路線を中心に投入された。

大韓航空は中距離路線に留まらず、777-200ER並みの航続性能を活かしてソウル～成田～ロサンゼルス線にも投入している。

　777-300は2006年7月まで生産され、総生産数は60機となった。最終号機はTrent892を装備してキャセイパシフィック航空に引き渡されたB-HNQ（LN567）だった。777-300を導入したのはアジア・中東のエアラインのみで、777では唯一欧米のエアラインの発注がなかったシリーズとなった。

777-300ER
長距離国際線の主力となったベストセラー機

777-300ER

Boeing

　ボーイングは777計画の初期の段階で747SPと同様に777-200の胴体を5.3m短縮した超長距離型の777-100Xの開発を計画していた。しかし747SPがそうであったように、短胴型はシートマイルコストに劣ることから777-200と777-300の長距離型の開発に切り替えることになった。ボーイングは2000年2月29日に第二世代の777ともいえる派生型の777-200LRと777-300ERをローンチした。

　このうちJALが777-300ERに対して2000年3月31日に確定8機、オプション2機の発注を行いローンチカスタマーになった。JALは

航続性能や経済性、747に匹敵するキャパシティに注目し、退役を進めていた747-100/-200Bの後継機として導入を決めている。

　777-300ERは777-300の機体とシステムを踏襲しているが、重量増に対応できるよう胴体と主翼、前脚を強化するとともに、主翼が延長されたことでウイングスパンは777-200/-300より4.5m延長されて64.8mとなった。延長部分の翼端は空力を改善する767-400ERに採用されたレイクド・ウイングチップを備えている。

　離陸性能向上のためには主脚の強化、ブ

レーキ、ホイールの変更とともにSLG（Semi Levered Gear）が採用された。これは主脚のボギー全体ではなく後輪のみが最後まで接地する構造で、主脚柱を長くしてクリアランスを大きくすることが可能となった。さらに離陸時に尾部下面を滑走路に接触することを回避する補助電子式テイルスキッドも装備している。

　航続距離を延長するためには搭載燃料を増やす必要があることから中央翼内に燃料タンクを増設した。これにより搭載燃料は777-300よりも12,073リットル多い181,283リットルとなった。最大離陸重量は重量増加オプションを採用した777-300の299,370kgに対し351,535kgまで増加することになり、航続距離は13,649kmまで延伸された。現在生産されているモデルは747-400を上回る14,686kmまで延長されている。

　最大離陸重量の増加にはそれまでの777よりも大推力のエンジンが必要になるが、777-300ERと777-200LRではそれまでの3社からの選択制をやめてGE90の一択となった。777-300ERにはターボファンエンジンとしては最も高出力のGE90-115B（115,540lbf級）が採用されている。

　このほか天井裏の有効活用として前方にコクピットクルー用の、後方にキャビンクルー用のレストルームを設置できるようにしている。

　777-300ERの初号機は2003年11月14日にロールアウトし、2003年2月24日に初飛行した。試験飛行に使用された機体はLN423とLN429の2機で、2004年3月16日にFAAとEASA（JAAを引き継いだ欧州航空安全機関）の型式証明を取得した。試験飛行を終えた2機のうちLN423はJA732J、LN429はJA731Jとして2004年6月と7月にJALに引き渡された。

　最初に引き渡されたのはエールフランス向けのF-GSQB（LN478）で、2004年5月10日のパリ〜ニューヨーク線で初就航した。

　日本ではまずJALが試験飛行に使用された2機を導入して2004年7月1日の成田〜シンガポール線で初就航した。2005年10月30日には747-400に代わり成田〜ロンドン線とフランクフルト線に就航して長距離路線に進出している。JALに続きANAも2004年9月に初号機JL731A（LN488）を受領して11月15日に成田〜上海線で初就航。2005年5月には長距離路線の成田〜ニューヨーク線へ就航している。JALは13機、ANAは28機を導入して、ともに欧米線を中心に投入している。

　777-300ERは2023年末の時点で832機が生産されており、777シリーズのベストセラーになった。生産は現在も継続中だ。

777-200LR
世界最長の航続距離を誇った超長距離機

　ボーイングは777-300ERと同時に、777-200ERをベースとしてさらに航続距離を延ばした777-200LR（Longer Range）をローンチした。開発は先ず777-300ERを進め、続いて777-200LRに着手する予定だったが、

777-200LR

2001年9月11日に発生したアメリカの同時多発テロが世界の民間航空界に影を落とし、航空需要の停滞を招くことになった。このため2003年初頭まで開発が中断され、初号機のロールアウトは2005年2月15日まで遅れることになった。

　777-200LRは777-300ERと同様の主翼を備え、機体と主翼構造を強化している。新設計の主脚、ブレーキ、タイヤを取り入れているのも同様で、777-300ERの胴体短縮型ともいえるだろう。ただし、胴体が短いことから777-300ERに装備された補助電子式テイルスキッドは装備されていない。エンジンも777-300ERと同様にGE90の一択で、110,500lbf級のGR90-110Bを装備する。

　搭載燃料は171,000リットルの777-200ERよりも増えて777-300ERと同様の181,283リットルとなり、さらにオプションの床下後部貨物室に燃料タンクを増設すると202,570リットルとなる。これにより最大離陸重量は347,452kgに増加、航続距離は標準で15,843km、オプションの燃料タンクを増設すると当時最も航続距離が長かったA340-500の16,670kmを凌ぐ17,370kmとなり、世界最長の航続距離を誇る旅客機となった。

　777-200LRを最初に発注したのはパキスタン航空で、2005年3月8日に初飛行した。試験飛行では2005年11月10日に香港から太平洋、北米大陸、大西洋を22時間42分にわたり飛行してロンドンに到着、飛行距離21,602km（飛行時間22時間42分）という旅客機による最長飛行距離のギネス記録を樹立している。

　777-200LRは2006年2月2日にFAAとEASAの型式証明を取得して2006年2月27日にパキスタン航空に引き渡された。その後はエミレーツ航空やエティハド航空、カタール航空といった中東のエアラインを中心に、北米のエア・カナダ、デルタ航空、エアインディア、エチオピア航空などが導入したほか、VIP仕様機も生産されている。エミレーツ航空は2016年2月に777-200LRを使用して、世界最長路線となるドバイ〜パナマ線（13,800km、飛行時間17時間35分）を開設して話題になった。

　777-200LRは2023年末の時点で61機が生産されているが、日本のエアラインは導入していない。

777F
世界最大の双発フレイター

777F

Boeing

　ボーイングは最大ペイロードが50t級の767-300Fと130t級の747-8Fという純貨物型を生産するとともに、737、767、747-400の旅客型を貨物機に改修する公式プログラムとしてBCF（Boeing Converted Freighter）を提供していた。767と747の間を埋める80〜100t級のフレイターはマクドネル・ダグラスから引き継いだMD-11が担っていたが、すでに生産は終えていた。そこで新たな100t級のフレイター需要を狙って777-200LRベー

スの新型フレイターの開発に着手した。

　この新型に対してエールフランスが5機を発注したことにより2005年5月24日に777Fとしてローンチした。機体仕様は777-200LRと同じで、エンジンは777-200LRと同系列のGE90-110B1を装備する。胴体左舷主翼後部の主デッキに幅3.73m×高さ3.05mの大型貨物ドアを設け、主デッキの床面を強化するとともにガイドレールとPDU（Power Drive Unit＝動力式貨物移動装置）を備えている。また、L1/R1ドア以外のドアと客室用の窓をなくすなどの変更を行っている。主デッキにはPMP/PMCパレット（2.43m×3.17m）を最大27枚搭載可能で、床下貨物室にはLD-3コンテナを最大で前方18台、後方14台搭載できる。最大ペイロードは103.9t。

　なお、777-200LRではオプションで床下後方貨物室に燃料タンクを増設できるが、777Fでは貨物搭載が優先されるため増設タンクは設定されていない。最大離陸重量は347,885kg、航続距離は最大ペイロードで9,200kmとなり、成田～ロサンゼルス間のノンストップ運航を可能にしている。

　初号機は2008年5月21日にロールアウトして7月14日に初飛行した。2009年2月6日にFAAとEASAの型式証明を取得してエールフランスに引き渡されて2月22日に初就航した。777Fは経年化した747FやMD-11Fの代替需要を取り込み、FedExやルフトハンザ・カーゴ、大韓航空、エミレーツ航空など多くのエアラインが発注した。

　日本ではANAが2018年3月23日に2機の導入を発表し、初号機JA771F（LN1582）が2019年5月24日に羽田へ到着した。初就航は2019年7月2日の成田～関西～上海線で、10月29日には成田～シカゴ線に就航した。

　777Fは2023年末の時点で265機が生産されている。

777-300ERSF
新たな大型フレイター市場を狙った旅客型改修機

　777Fを開発して767Fと747Fの間を埋めるラインナップに加えたボーイングだが、747-8Fの生産終了により747-400F/-400BCFの代替需要に応えられなくなった。ボーイングは開発を進めている777-8Fをフレイター・ラインナップに加える予定だが、新型フレイターの引き渡しが始まるまでの大型貨物機の需要に対応できなくなる。そこで777-300ERを貨物機に改修するプログラムの検討を開始した。

　777-300ERの貨物型改修はBCFプログラムとは異なり、航空機リース事業を行うGECAS（GEキャピタル・アビエーション・サー

ビス）と747-400、767-300、737NGの貨物機への改修を実施しているIAI（イスラエル・

エアロスペース・インダストリーズ）の共同事業で進められることになった。改修後は777-300ERSF（SFはSpecial Freighterの略）となり、「BIG Twin」の愛称が与えられた。

改修プログラムはGECASが15機（＋オプション15機）を発注したことで2019年10月にローンチした。最初の改修機となったのは2005年3月にエミレーツ航空に引き渡されたA6-EBB（LN508）で、2020年6月にIAIで改修作業を開始した。改修工期は4〜5か月、改修費は約3,500万ドルとされた。

主な改修は主デッキ左舷主翼後方に3.72m×3.05mの大型貨物ドアを取り付けて、胴体と主デッキの床面強化とPDU設置、9Gまで耐えることができるカーゴバリアを設定するとともに、L1/R1ドア以外のドアを撤去して客室用窓の閉塞なども行われた。操縦室の後方にはギャレーとラバトリー、クルーレ

ストを設定し、カーゴバリア前方にビジネスクラス仕様の2人掛けシートを2組、オプションでエコノミークラス仕様のシート9+2席を設定できるようにしている。

メインデッキにはPMP/PMCパレットを最大42枚搭載可能で、旅客型時代と同様の床下貨物室も含めて最大ペイロードは101.6tとなる。エンジンや燃料タンク容量は旅客型と同じで、最大ペイロードでの航続距離は8,300km。

777-300ERSFの初号機は2023年3月24日に初飛行し、FAAとCAAI（イスラエル民間航空局）の型式証明取得に向けて試験飛行が開始された。この初号機はアメリカのカリッタ・エア（N778CK）に引き渡される。

777-300ERSFは747-400F/-400BCFの後継機需要もあり、すでに60機以上の受注を得ている。

777-8/-9/-8F
より多く、より遠く…
開発中の第三世代777

777-9

Boeing

ボーイングは2010年代に入ると新世代型である777Xの開発の検討を始めた。この派

生型は既存の777に787の開発で得られた新技術を導入するとともに、より高い経済性を

実現することを目標にしていた。この新しい派生型は777-300ERの胴体を延長して2クラスで400席以上を設定できる777-9と、その胴体を短縮して777-200LRの後継機となる超長距離型の777-8の2タイプで、2013年5月に本格的な開発が開始された。

777Xプログラムはまず大型の777-9Xの開発から着手された。胴体は777-300ERよりも主翼の前後で延長されるとともに、水平尾翼が大型化されたことで全長は777-300ERの73.86mより2.86m長くなり76.72mとなる。胴体径は従来の777と同じだが、客室窓が大型化される。

新設計の主翼はCFRP（炭素繊維強化プラスチック）製となり、全幅は71.75mとなる。これは747-8の64.4mよりも長くなることから、ICAOによる航空機サイズの規定で747を対象にした「コードE」を超えることになるので、777-200の開発時に検討された主翼の折りたたみ機構を備えることになった。主翼を折りたたんだ時の全幅は64.85mとなり、747が駐機できるスポットを使用できるようになる。

コクピットは787スタイルにリニューアルされて、4面の大型LCDを配置し、左右の操縦席にはHUD（Head-Up Display）を備える。エンジンは777X用に開発される105,000lbf級のGE9Xを装備する。搭載燃料は777-300ERよりも多くなり197,360リットル、最大離陸重量は351,500kgで13,500kmの航続距離となる。GE9XはGE90に比べて燃料消費量が改善されることから運航コストが10%削減されるという。

この777-9Xに対して2013年9月にルフトハンザが34機を発注し、同年11月に開催されたドバイエアショーで777-9および777-8としてローンチした。

777-9は2019年末の初就航を目指して開発が進められたが、ロールアウトは当初予定の2018年中から2019年3月13日に遅れている。これまでのロールアウト式典はメディアが招待されて華やかに開催されていたが、ロールアウトの3日前にエチオピア航空の新鋭機737-8が墜落事故を起こしていたことから社内関係者のみで実施されている。

初飛行はGE9Xの問題や、2019年9月に発生した最終荷重試験で破損した客室ドアの改善などにより2020年1月25日となった。2021年の型式証明取得を目指していたが、新型コロナウイルス感染症のパンデミックによる需要低迷や型式証明取得に時間がかかることから2023年まで製造が停止された。これにより初引き渡しは2025年まで遅れることが発表された。

777-8は777-9の胴体を短縮して全長70.86mとした航続距離16,190kmの超長距離用機である。開発は777-9の2年後に開始される予定だったが、737-8が2度の墜落事故を受けて運航停止されたことや777-9の開発が遅れていることもあり、初号機の生産は大幅に遅延することが予想されている。

777-8の製造の見込みがたたない中、ボーイングはカタール航空の要求に応えて2022年1月31日に777-8の貨物型である777-8Fの開発を決定し、2027年の初引き渡しを目指すと発表した。777-8Fは747-400F/-400BCFの代替需要に応えるフレイターで、最大ペイロードは110tとなる。

777-9と777-8Fは2023年末時点で300機以上の受注を得ている。日本ではANAが777-300ERの後継機として2014年3月27日に777-9を20機導入することを発表した。導入開始は開発遅延により2025年以降になる模様。また2022年7月11日にはこのうち2機を777-8Fに切り替えて2028年度以降に導入することを発表している。

千歳基地にて訓練を行う政府専用機。任務のない平日は、同基地を拠点に乗務員の訓練が行われており、タッチアンドゴーを行う姿も見られる。

747-400から777-300ERへ世代交代

2代目「ナショナル・フラッグシップ」

日本国政府専用機
B-777

一国を代表するエアラインのことを「ナショナル・フラッグキャリア」などというが、
皇族や首相などの要人輸送を主任務とする政府専用機は国を代表する飛行機と言っていいだろう。
いわば「日本国のフラッグシップ」として1990年代から活躍してきたのは747-400（B-747）だったが、
2019年にその役割を正式に受け継いだのが777-300ER（B-777）である。
政府専用機には政府関係者や報道陣が多数搭乗する可能性があることから
一定の輸送力が求められるほか、ときには地球の裏側へも訪問することのある
要人の外遊日程に対応するには高い航続能力も必要だ。
一般的な旅客機と共通点が多い一方でセキュリティ的な観点から
機内の一部がベールに包まれている政府専用機とは、どのような飛行機なのだろうか。

文= 芳岡 淳

Motoyoshi Ohmura

2019年3月24日の機種交代式典当日に撮影された初代政府専用機（B-747・手前）と2代目政府専用機（B-777・奥）。運用は航空自衛隊によって行われる。

経年化した初代政府専用機の後継機として777-300ER選定

現在、日本の政府専用機として運用されているのは、777シリーズの中でも長距離・長胴型の777-300ERだ。初代の政府専用機としては1992年に導入された747-400が運用されていたが、導入から20年以上が経過して経年化が進んだことや、経営破綻した整備委託先の日本航空が再建過程で747-400を完全退役させたことにより2019年以降の整備作業に対応できなくなってしまうなどといった事情を背景に、後継機の選定が行われることになった。

後継機の候補としては、実際に選定された777-300ERのほかに、787シリーズやA350シリーズも挙がっていたが、747-400の役目を引き継ぐ上で787ではキャパシティ不足であり、A350シリーズはアメリカとの関係性を重視した外交的配慮も影響して候補から外れる形となった。777シリーズにおいても将来性を考慮すると、開発中の新世代型777Xシリーズを選定するのが理想的であったが、後継機が必要とされる2019年までに実用化される可能性が低いことから、最終的に777-300ERが次期政府専用機として選定されたのである。

後継機が777-300ERに正式決定したの

は2014年8月のことで、初号機となる機体番号80-1111は2016年7月26日に初飛行した。2016年12月20日には2号機の80-1112も初飛行している。ボーイングでの機体製造時には客室内装は実施せず、数あるVIP機の整備や内装工事を手がけてきたことで知られ、フランスのユーロエアポート・バーゼル＝ミュールーズ空港に位置するジェット・アヴィエーション社が担当することになった。80-1111は2016年10月12日にバーゼルへとフェリーされ、2018年8月に改修工事を完了、ベースとなる千歳基地には8月17日に到着した。80-1112も2017年4月7日にバーゼルへとフェリーされ、2018年12月に改修工事を完了、80-1111から遅れること約4か月後の12月11日に千歳基地へ到着した。

千歳基地では、しばらくの期間、初代政

Motoyoshi Ohmura

現行の777-300ERでは機体塗装においても新デザインが採用された。奥に駐機する先代の747-400では、直線のチートラインであったのに対して、777-300ERでは曲線が胴体に描かれたデザインとなっている。

基本的な機体仕様は通常の777-300ERと変わらず、特徴的な翼端のレイクドウイングチップと巨大なGE90-115BLエンジンが際立って見える。両主翼とも下面に日の丸が描かれている。

Motoyoshi Ohmura

Motoyoshi Ohmura

777-300ERに搭載されているGE90-115BLエンジン。開発当時で世界最大のターボファンエンジンとして定格推力511kNという強力なパワーを誇る。双発機ながら超長距離飛行が可能で、燃費性能にも優れていることから世界中のメガキャリアで777-300ERが採用されることになった。

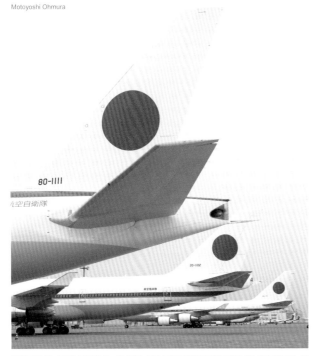

初代の747-400と尾翼を並べた777。日本国の政府専用機であることを象徴する、日の丸が大きく描かれた尾翼デザインは引き継がれた。機体番号も尾翼に描かれているが、777-300ERでは80-1111、80-1112が採用された。

府専用機の747-400と次期政府専用機である777-300ERが並んで駐機する姿も見られ、世代交代を実感することができた。2019年3月末までは、主任務機が747-400であったため、受領済みであった777-300ERは訓練期間として運用が続けられた。初の国外運航となったのは2018年11月3日から5日にかけて行われたオーストラリア・シドニーへの訓練飛行で、その後もシンガポールや南アフリカ、UAE、スウェーデン、アメリカ合衆国、スイスへの国外運航訓練が行われ、任務投入へ向けた準備が着実に進められた。

　そして2019年3月24日に千歳基地において機種交代式典が行われ、正式に政府専用機としての役目をスタート。初の公式任務となったのは、安倍晋三首相（当時）のヨーロッパ、アメリカ、カナダ歴訪に伴う要人輸送で、2019年4月22日から29日にかけて運航された。

主な機体仕様は民間向けと同様 流行を採り入れたカラーリング

　2代目の政府専用機として選定された777-300ERは、世界各国のメガキャリアで長距離路線における主力機として運用されている。777-300ER自体が先代の政府専用機として運用されていた747-400の後継需要に対応する目的で開発された機種であることを考えると、政府専用機における機種選定

JASDF

【上】コクピットの仕様も基本的には通常の777-300ERと変わらない。一部に政府専用機特有の装備があるものの、詳細は明かされていない。【右】777-300ERは、機長と副操縦士のツーマン運航が可能となっているが、政府専用機の運航時には操縦士への助言を行う航法幹部も後部座席に同乗する。

JASDF

要人外遊時に威力を発揮する世界各地へ直行可能な高い航続能力

は極めて妥当な選択だったと言えるだろう。777-300ERの初飛行は2003年で既に開発から20年以上が経過した機種であるが、現在も新造機が数多く製造されている大ベストセラー機である。

2機体制で運用される政府専用機の基本的な仕様は通常の777-300ERと変わらない。非常に強力な推力を誇るゼネラル・エレクトリック社製のGE90-115BLエンジンを2

基搭載、双発機ながら米東海岸へのノンストップ飛行が可能となる約14,000kmの航続能力を有し、これも777-300ERが選定された要因の一つとされている。

機体のカラーリングは先代の747-400から変更が加えられた。チートラインが特徴的であった747-400のデザインに対して、777-300ERに施されたカラーリングでは近年のエアラインでも流行の曲線的なラインが採用

客室内部には会議を行うことのできるスペースを用意。テーブルが2台設置されているが、必要に応じてテーブルの間にパーティションを設置することも可能。

JASDF

客室前方は非公開の貴賓室
一般区画は"準ANA仕様"

コピー機などの事務機器が設置されている事務作業室。従来の747-400でも同様の区画があった。

JASDF

されている。日章旗をモチーフとしたこのカラーリングは2015年4月28日に発表され、747-400とは大きく異なるデザインで話題となった。

　また、747-400にはコクピット天井部にハッチが設置されており、外遊など実務運航の際には日本国旗が離陸前や着陸後にハッチから掲げられていたが、777-300ERでは天井ハッチが存在しないことから、コクピットの窓を開けて国旗を掲げるスタイルが取られている。

機内前方の貴賓室は非公開
ANAと同じシートの一般区画

　要人輸送を主任務とする政府専用機の内装は、当然ながら一般的な旅客機の客室仕様とは大きく異なっている。機体前方には貴賓室が設置されており、皇族や首相など限られた関係者のみが立ち入ることのできるエリアとなっており、その詳細は明らかにされていない。会議室が設けられているのも政府専用機らしいところで、1×1と2×2の座席配置

のテーブル席を設置、必要に応じてパーテーションで仕切ることも可能になっている。

　機体後方には、随行員席や報道関係者向けの一般区画が設けられており、随行員席で21席、一般区画では85席が用意されている。シートには、整備を担当するANAの機材と同様のプロダクトを採用、随行員席には1-2-1のスタッガード配列でビジネスクラス（ANA　BUSINESS　STAGGERED）相当のフルフラットシートが、一般区画には2-3-2の配列でプレミアムエコノミー相当のシートが配置されている。公表データによると全体で約150人が搭乗可能だ。また、初代政府専用機にはなかったエンターテインメント設備や機内Wi-Fiシステムも新たに搭載された。

　747-400ではL1/R1ドアより前方のAコンパートメントが貴賓室として使用されていたが、777-300ERにおいてはL1/R1の前方がコクピットとなるため、L1/R1ドアとL2/R2ドアの間が貴賓室として使用されていると思われる。乗降は基本的にL2ドアから行われる。

随行員席には、ANAにおけるビジネスクラス相当のシートを採用。1-2-1の配列で全21席が配置されている。ここだけ見ると民間機のようだ。

【上】報道関係者などが利用する一般客室区画では、ANAにおけるプレミアムエコノミー相当のシートを設置。2-4-2の配列で全85席が設置されている。
【中】従来の747-400では搭載されていなかった各席のエンターテインメント設備。このほか、機内Wi-Fiシステムもあり、現代の旅客機と同水準の客室設備が導入されている。
【下】通常の旅客機と同様に機内食や飲料の提供が行われるため、ギャレー設備も完備。ANAが整備、教育を担当していることから、客室デザインも全体的にANAらしさが感じられる。

千歳基地を拠点に運用
基本は2機で任務飛行

　政府専用機の運航拠点は北海道の千歳基地。通常は千歳基地にある専用格納庫において管理が行われている。東京発着で要人輸送などの任務がある場合には、2機とも千歳基地から羽田空港へ前日にフェリーされることが多く、その後、要人を羽田空港のVIPスポットから搭乗させて任務飛行へと移る。

　任務は2機体制で運航が行われるのが基本で、1機が本務機、もう1機が予備の役目も兼ねた副務機として運用される。本務機が先に出発し、その後に副務機が追いかける形で飛行するスタイルだ。帰国時も本務機と副務機の2機体制で運航されるが、日本に近づいた時点で本務機に何も異常が生じていない場合には、副務機は直接千歳基地へと帰還するケースが多い。

　稀に皇室関係と政府関係それぞれで外遊が組まれ、日程が重なった場合には、副務機を伴うことなく単独で運航されるケースもある。747-400時代の2013年4月には、皇太子同妃両殿下（当時）のオランダ・ウィレム＝アレクサンダー国王即位式参列と安倍首相のロシア、サウジアラビア、UAE歴訪が重

なった。また、同年6月にも皇太子殿下のスペインご訪問と安倍首相のポーランド、イギリス、アイルランド歴訪が重なり、2機の政府専用機がそれぞれ単独で任務飛行を行った。777-300ERへ機種が置き換わってからの実績は存在しないものの、今後は同様のケースが発生する可能性が十分にある。

　任務の期間以外では、拠点とする千歳基地を発着地とする訓練が平日を中心に実施されている。航行訓練のほか、千歳基地でのタッチアンドゴー訓練なども行われており、日々運航乗務員の技術力が磨かれている。

超大型機A380苦戦の中でエアバスが開発決断

逆襲の切り札、A350XWB

ハブ・アンド・スポーク戦略が維持されると読んだエアバスが
超大型四発機のA380開発へ進んだのに対し、
高速機ソニック・クルーザーが頓挫したボーイングはポイント・トゥ・ポイント戦略にフィットする
787ドリームライナーを世に送り出し、成功を収めた。
これに対抗しようと、紆余曲折の末にエアバスが打ち出した新型機がA350XWBである。
A380の開発遅延や販売不振で苦境に陥っていたエアバスだったが、
結果的に逆襲の切り札となったのがA350XWBだった。

文= 内藤雷太　写真= エアバス

超大型機と高効率中型機
分かれた二大メーカーの戦略

　2024年現在、最新の双発ワイドボディ機はエアバスの A350XWB だ。初飛行は2013年6月14日なので10年以上も前になるが、コロナで失った数年間を差し引けばデビューからまだ数年しかたっていない現時点で最も進んだ旅客機で、これからセールスがさらに大きく伸びる期待の星である。

　ところでこのA350XWBについて意外と知られていないことの一つは、A350のモデル名を持つ最初の機体ではない、ということだ。エアバス創業以来最大の危機といえる時期に開発が進められたA350XWBには登場までに紆余曲折があり、それだけにエアバスとしても大変な苦労と思いがある機体なのだ。その背景を知れば、A350XWBがデビュー後すぐに名旅客機と認められた理由が分るだろう。

　好調に売り上げを伸ばしている現在の機種は「A350XWB」、対する初代はXWBがつかないただの「A350」だった。だから本当ならこの二種類はしっかり区別するべきなのだが、初代の方は実際の開発には至らなかったので、世間からは忘れられている。

　話は2003年6月に遡る。この年のパリ航空ショーで、その後の民間航空の流れを変える大きな発表があった。ボーイングが全力で取り組む次世代双発ワイドボディ機787ドリームライナーがローンチしたのだ。ボーイングはその直前まで大型高速旅客機ソニック・クルーザーというキワモノ的な次世代旅客機開発にご執心だったので、ここへ来てのいきなりの大転進で、恐ろしく先進的かつ現実的な787の登場にエアラインの目は釘付けになった。

　民間航空は将来ハブ・アンド・スポーク型市場に移行すると先読みし、巨人機A380という大規模開発に進んだエアバスと真っ向から対立したボーイングが迷走の末に出した結論が、エアバスを全否定するポイント・トゥ・ポイント型市場像とそこで市場をリードする先進的中型双発ワイドボディ機787だった。今振り返ればボーイングの判断は正解で787は世界のエアラインから圧倒的支持を受けた訳だが、この抜き打ちに近い787の登場と市場の大反響に内心真っ青になったのがエアバスだった。

　新登場の夢の旅客機787と、大型四発機A340を駆逐してますます絶好調の777という最強コンビの勢いを止めるには、優秀ではあ

るものの結局A300の末裔に過ぎないA330には荷が重い。かと言って、既に二年半を経過して佳境に入ったA380開発を進めながら、787規模の新型機プロジェクトを新たに立ち上げる余裕は当時のエアバスにはなかった。悩んだエアバスが捻り出したのが初代A350開発案だったのだ。

顧客に酷評されて撤回した 初代A350の開発計画

初代A350案は、A330をベースモデルに最新技術を投入し787と同等の機体をより低コスト、短期間で開発する計画で、A330の胴体延長で乗客数を増やし、そこに新設計の主翼と787と同等の低燃費高バイパス比エンジンを合わせて高経済性を狙う機体だった。この初期A350案は787のローンチから1年半後の2004年12月に発表され、エアバス最大の顧客である大手リース会社ILFC（International Lease Finance Corporation）やGEキャピタル・アビエーション・サービス（GECAS）、シンガポール航空などが興味を示した。またカタール航空は2005年のパリ航空ショーでこの初期モデルのA350を60機発注してそのまま後のA350XWBのローンチカスタマーになっている。

こうして初期A350案は2005年10月にローンチ。最終的にはA330の胴体構造のフレーム設計を全面的に見直してキャビン容積を増やし、複合材の主翼にロールスロイス・トレント1700またはゼネラル・エレクトリックGEnxエンジンの搭載を予定してA330を超える性能に発展するが、ILFCやGECAS、シンガポール航空らエアバスの重要顧客たちはこれに満足しなかった。シンガポール航空は「新しい主翼や尾翼、コクピットの設計で苦労するより、全部見直して新しい機体を開発すべきだった」、ILFCやGEキャピタル

エアバスが最初に発表したA350-800の想像イラスト。外観的には従来のA330と区別がつかないほど似ているように、A330の次世代改良版といっていい機種だったが、顧客エアラインの支持を得られず開発には至らなかった。

（GECAS）は「787だけを意識した一時しのぎのやっつけ仕事で全く興味が湧かない」と厳しくこき下ろしたのである。これが原因でかえって787に顧客を奪われる形になり強烈なダメ出しを食らったエアバスは、A350初期案を白紙に戻して新型機構想を練り直す。

ところがこのすぐ後にエアバスは創業以来の窮地に陥り、新型機検討どころか会社存亡の危機に立つことになった。2005年6月、初飛行も成功して全て順調に見えたA380の量産初号機製造に、誰もが見落としていた重大なミスが発覚し大幅遅延が避けられないことが分かったのだ。ここから事態は泥沼化して、問題の解決に全社で取り組んでもローンチカスタマーのシンガポール航空への引き渡しは計画の18か月遅れとなり、会社は推定7,200億円以上という納期違約金を抱えて経営はどん底まで悪化した。さらにこの事件が引き金となり経営陣の入れ替えや経営トップの汚職問題発覚、経営不振による大リストラなど、一般の企業ならとっくに倒産してもおかしくない状況となったエアバスだが、この窮地を最後はフランス大統領とドイツ首相が直接動いて収拾した。

ところが驚いたことにこの窮地の最中、エアバスは没案にしたA350の全面見直しを進めていて、しかもA380製造の大幅遅延という最悪の発表をした翌月の2006年7月のファン

A350初期案の支持を得られなかったエアバスが新設計機として開発したA350XWB（手前）。A330（奥）よりも大型となり、結果的にはこれがA350XWBにフラッグシップの地位をもたらすことへ繋がった。

ボロー国際航空ショーで、次世代ハイテクワイドボディ機A350XWB（eXtra Wide Body）として大々的に発表したのだ。しかもA350XWBの内容はこれまでとは全く別物で、787と同等かそれ以上の完璧な次世代ワイドボディ機に仕上がっていた。

あの危機の最中にどこにこれだけの余力が残っていたのか、全くヨーロッパ企業のしたたかさには驚かされる。エアバスのしたたかさにはまだ先があり、実は没とした初期A350案もしっかりとA330neoに形を変えて実現し、着実に売れる次世代機に仕上げたあたりは、さすがとしか言いようがない。

A350XWBを市場は歓迎
有力顧客から発注相次ぐ

全く新しくなったA350XWBは基本型のA350-900、長胴型のA350-1000、短胴型のA350-800の三機種からなるファミリーだった。ローンチ予定は2006年12月で、エアラインからの発注があればいつでも取り掛かれる状態。その名前のとおり従来機よりさらに広胴でCFRPなどの複合材の使用率が高い新設計の胴体とこれも複合材中心の新型主翼に、エンジンはロールスロイスが専用開発する高バイパス比高出力の新型エンジン・トレントXWB一択である。

787と777の強力な対抗馬の出現に業界はこれを大歓迎し、A350XWBは登場と同時に受注数を積み重ね始めた。A350に失望し787に流れたシンガポール航空も、発表直後にA350-900×20機の確定発注を手土産に戻って来た。

2006年12月にエアバス取締役会の承認を得てローンチしたA350XWBは好調に受注機数を伸ばし、ファンボローでの発表から一年後のパリ航空ショーではカタール航空からの80機という大口受注もあり、この時点で受注機数が約300機と、787デビュー当時に匹敵する人気を見せた。

当時は度重なるデリバリー遅延を受けてA380に対する発注キャンセルが各エアラインから出始めた頃で、業界はそちらの動向に釘付けになっていた。A380の惨状にエアバスの経営も悪化して、民営化以後初めての赤字転落や親会社EADSの株価暴落など、A350XWBの開発も決して良い環境とは言えなかったはずだ。そんな中でもA350XWBの開発作業は着々と進められ、2007年のドバイ航空ショーではやがて最大のA380オペレーターとなるエミレーツ航空が、A350-900とA350-1000を合わせて70機という大口発注をして話題となった。2008年12月に詳細仕様が決まったA350XWBは、いよいよ最初のモデルであるA350-900初号機の製造作業を始めた。初飛行予定は2012年中頃である。

伝統の真円断面を捨てて
ダブルバブル構造を採用

ここで簡単にA350XWBの仕様と特徴を纏めておこう。当初、A350XWBファミリーは短胴型のA350-800、標準型のA350-900、長胴型のA350-1000の三機種構成だったが、後に受注不振で-800の開発は中止となった。基本モデルはA350-900。全長66.8m、全幅64.75m、全高17.05m、最大離陸重量283トン、最大航続距離15,372kmという性

能で、客席数は300〜350席というのが大まかな諸元である。

一方、長胴型のA350-1000は全長が-900より7m長い73.79m、全幅はどちらも同じで、全高もほぼ同じ。最大離陸重量は319トン、最大航続距離16,112km、客席数は350〜410席である。-1000の方は重量増加に対応して主脚のボギーが-900の二軸四輪から三軸六輪に変更され、また主翼もスパンは同寸ながらウイングレットの形状変更と主翼端にかけてコード（翼弦）を増すことで、空力最適化を図っている。

A350XWB全体で共通する特徴としては、まずその名のとおり胴体が従来のエアバス双発ワイドボディ機とは完全に異なり、これまで伝統的に使っていたA300の真円断面の設計を捨てて、新設計のダブルバブル断面に変更している点が挙げられる。

上部のキャビン部バブルは半径2.98mの円弧で胴体幅は5.96mと従来よりかなり広くなった。これはロッキード・トライスターとほぼ同寸で、ツインアイルの客室は3-3-3の9アブレストが余裕をもって配置できる寸法である。一方、下側のバブルは半径2.82mの円弧で幅5.64m。これは従来型と同寸法でLD-3貨物コンテナを二列で並べられる最小寸法である。

こうしてダブルバブル化することで、客室スペースの最大化と床下貨物室の従来並みのスペース確保を両立させながら空気抵抗の減少や従来型との工作上の共通点を残し、極力効率化を図っている。この胴体は大きく四分割されたCFRP製胴体パネルを、アルミニウム・リチウム製ビーム、フレームの上に組む形のセミモノコック胴体である。

主翼は新設計の複合材製で31.9°の後退角を持ち、巡航速度はマッハ0.85。フラップなどの高揚力装置はA380からのフィードバッ

クもあり、ドロップヒンジのフラップは、主翼後縁とフラップの間の隙間をスポイラーでふさぐことで、シンプルな可変キャンバー翼の働きをする。飛行状態に応じて常に主翼の空力最適化を行って燃費向上を図る設計だ。

機体の空力設計もA380からのフィードバックが多く、機首部はA380、A220、787などに見られるコクピット部の段差がない、空力重視の形状である。胴体、主翼を含め全構造の70%に複合材が使われ、金属部もチタンやアルミニウム・リチウム合金などを多用して、大幅な軽量化が実現された。また最新の機体らしく整備性や部品共通化などにも最新技術を使って、メンテナンスコストや運用コストを大幅削減している。

エンジンはロールスロイスのトレントXWB高バイパス比ターボファンエンジンの一種類のみだが、これはA350XWB専用に開発された最新の高経済性高出力エンジンだ。コクピット周りやコントロール系統などはハイテク機を得意とするエアバスのスタンダードで、この部分も直前の開発だったA380からのフィードバックが多いが、計器関係は大型タッチパネル式LEDの六面構成で、情報量と操作性が大幅に向上している（タッチパネルは2019年から採用）。

エアバス機を初発注して業界を驚かせた日本航空

こうしてA380という未曾有の大型ハイテク機開発からのフィードバックを得たことで全て順調かと思われたA350-900の開発だが、2011年6月のパリ航空ショーでエアバスは突然計画遅延を発表した。細かい設計変更などで遅延が発生しており、初飛行と運航開始時期を6か月遅れの2012年末と2013年末まで延期する、という内容だった。-900の後に続く-800と-1000も同様の遅れになるという。

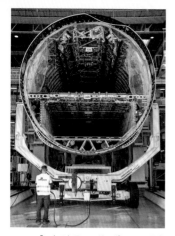
「エクストラ・ワイド・ボディ」の異名通り、A330より広い胴体を持つA350XWBは、エアバスの伝統でもあった真円断面を捨ててダブルバブル構造としたことも注目された。

双発機777で攻勢をかけるボーイングに対し、当初エアバスは長距離路線における双発機の運航拡大に否定的な立場を示していたが、四発機の販売不振を受けて、A350XWBを長距離機の主力商品に位置付けることとなる。

さらにこの後もA350-900の開発遅延は二回発表され、最後の2012年7月の発表ではA350-900の初飛行が2013年中頃へ、就航予定が2014年半ばまでずれ込んでしまった。

原因は初期A350からA350XWBに移行する作業における度重なる設計変更やサプライチェーンの不備、さらに英国工場で組み立て中だった主翼の製造過程で工作機械のソフトウェア問題が発生したことなどだった。

納期遅延の発表が度重なったこの時期、A350XWBの受注は急に頭打ちとなりA380のトラブルで大変な目にあったエミレーツ航空は70機の発注を一旦すべてキャンセルした。こうした紆余曲折の末、2013年5月13日にロールアウトした初号機A350-900/MSN001（F-WXWB）は、翌月の6月14日、計画の一年遅れで待望の初飛行に成功した。

市場は正直で、この2013年にA350XWBの受注は急に跳ね上がっている。また同年、競合の787がバッテリー発火トラブルで全面運航停止となったこともA350XWBには有利に働いただろう。この年には日本航空も日本中が注目したボーイング対エアバスの大型機種選定を行い、JASから引き継いだA300を除けば日本航空として初めてエアバス機を選び、A350-900を18機、A350-1000を13機の合計31機という大型発注をして日本中をあっと言わせた。

この日本航空による大型発注の頃には5機の飛行試験機すべてが進空し、綿密に計画されたEASAとFAAの型式証明（T/C）取得のため、それぞれが担当する試験飛行を大変な勢いでこなしていた。

このT/C取得は新型民間機開発における最後の、そして最大の難所であり、多くの旅客機開発がこの段階での不手際、準備不足で延々と試験飛行を続けることになり、失敗することもある。しかし、これまで多くの先進旅客機を開発してきたエアバスはさすがに経験が深く、T/C取得のための所要試験飛行時間を2,500時間と割り出し、これをわずかに上回る2,593時間で完了したという。そもそも想定の2,500時間がT/C取得までのほぼ最短時間のはずで、A350XWBのように技術的内容の濃い機体のT/C取得試験を最短で終わらせること自体、並みの機体メーカーに出来ることではない。

EASAのT/Cを2014年9月30日、FAAのT/Cを少し後の11月14日に無事取得し、すべての開発作業が完了したA350-900は、2014年12月22日にローンチカスタマーのカタール航空への受け渡しを完了。カタール航空は年が明けた2015年1月15日からドーハ〜フランクフルト線の大陸間商業運航を開始し、これがA350XWBの実戦デビューとなった。

またFAAのT/C取得に先立つ10月15日にはA350-900に対しEASAが180分超えのETOPSを認可し、その中でオプション扱いながらETOPS-370までが認可されるという世界初の快挙もあった。A350-900は条件が整えば南米からインドまでダイレクトに飛行できるので、これはエアラインにとって路線展開の可能性が大きく広がるメリットだ。また同じ内容のFAAによるETOPS認可は2016年5月に認められている。

コロナ禍が落ち着き
期待される受注増加

　こうして主力機種A350-900のデビューに続き、予定通りA350-1000も完成すると、エアバスはこのタイミングで受注が伸び悩むA350-800の開発中止を発表して350XWBファミリーの整理を行った。このモデルを発注したエアラインには、上位の-900やA330neoへの切り替えを提案し、ボーイング777/787との対比をより明確に打ち出した。

　A350-900、A350-1000に続いてはA350-900の超長距離型A350-900ULR（Ultra Long Range）が登場した。-900ULRは最大離陸重量の引き上げと追加燃料の搭載、主翼の空力最適化、ウイングレットの形状変更などで航続距離を17,965kmという長大なレンジに引き上げ、20時間のフライトが可能な現時点で世界最長の航続距離を持つモデルだ。シンガポール航空が7機発注してローンチカスタマーとなり、2018年10月からシンガポール・チャンギ〜ニューヨーク・ニューアーク間の超長距離ノンストップ線で定期運航を行っている。以前はA340-500を使っていた世界最長、19時間のフライトだ。

　さらに-900ULRの次は既に貨物型のA350Fが開発中だ。これは以前から計画が存在したもので、2021年7月に正式にローンチし、すぐに北米の大手リース会社エア・リース・コーポレーションが7機を発注してローンチカスタマーとなった。続いてA350XWBの一大フリートを運航するシンガポール航空がやはり7機発注、さらにエティハド航空も7機発注に関する覚書を交わしている。A350-1000をベースモデルに、777Fより10%多く747-8Fと同等のペイロードを持つモデルとなるが、デリバリーは2026年の予定なので実際に見ることができるのはもう少し先だ。

　A350XWBは一番ホットな機種なので、コロナ禍が落ち着いた今、各国のエアラインがA350XWBの発注を再開し、その受注数はどんどん伸びている。世界の航空ショーを舞台に繰り広げられる777Xや787とA350XWBの熾烈な市場競争はまさに接戦で、どちらも甲乙つけがたい傑作機であることを証明している。2023年末のデータではA350XWBファミリー全体の受注は1,200機を超え、受け渡し済み機数も約700機に達しており、エアバス機全体ではここ数年の出荷数はボーイングを越えて業界トップだ。そしてその原動力がA350XWBなのである。

　現在A350XWBフリートを運航する代表的エアラインは、63機のシンガポール航空、58機のカタール航空、49機のキャセイパシフィック航空、30機の中国国際航空、28機のデルタ航空などだが、2023年末のオーダーバックログは621機残っているので、これからもっと増えるのは間違いない。

　国内でも日本航空のA350-900が2019年中頃から続々と就航し、直近では2023年暮れについにやって来たA350-1000が一番の話題だ。最新最先端の旅客機をこうして近隣の空港で間近で見られるのは、考えてみれば実に贅沢ではないか。次の休日にはA350XWBに会いに近隣空港まで足を延ばすのも楽しそうだ。

A380の製造が終了した現在、エアバス最大の旅客機となったA350-1000。長距離国際線フラッグシップの座を懸けて、今後も777シリーズとの熾烈な競争が続くはずだ。

■ 777と787に対抗する機体規模

JALが国内線に導入したA350-900は、787-9/-10や777-200に匹敵する機体規模だが、国際線用のA350-1000は胴体が長く777-300ERに匹敵する。短胴型のA350-800はA330neoの開発により中止されたが、現在はフレイターの開発が進んでいる。

■ディテール解説

エアバスA350の
メカニズム

写真と文＝
阿施光南

セールスが伸び悩んだことでA380の製造が中止された現在、
エアバス最大の旅客機となったのがA350XWBである。
JALのようにA350をフラッグシップとするエアラインは増え続けているが、
エアバスにとってもフラッグシップと言える存在になった。
A350はまた、エアバス双発機としては最大の機体規模を有するだけでなく、
複合材料を多用するなど最先端技術を随所に盛り込んだ次世代機でもある。
デビュー後も大きな技術的トラブルに見舞われることなく、信頼性の面でも高い評価を得ている旅客機だ。

■ 複合材料で作られた機体

独ハンブルク工場で生産される胴体。ここで内部の配管や電線などを通し、また断熱材などを装着した半完成状態まで仕上げられる。そのうえで専用輸送機ベルーガXLで仏トゥールーズの最終組立ラインまで空輸される。

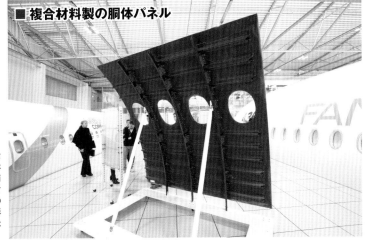

■ 複合材料製の胴体パネル

トゥールーズのモックアップセンターにあるCFRP製の胴体パネル。787が最初から円筒の形に一体成形されるのに対して、A350は上下左右4つのパネルを組み合わせて円筒形にする。これによって大規模な修理などにも対応しやすい。

開発コンセプト
信頼性を重視し従来技術も多用

　ボーイングが787の開発で難航していた最中に、問題の内容を初めて明確にしたのはエアバスのレポートだった。そのレポートがどのように作られ、どのように社会へ出されたのかは明らかでないが、ライバルの動向を調査・分析するのはどこのメーカーでも同じだろう。そしてエアバスは、こうした787の教訓をA350の開発に反映させた。

　787の問題のひとつは、あらゆる面において新技術を盛り込みすぎたことだ。それだけ画期的な旅客機ということでもあるが、後にボーイングの関係者ですら「旅客機の開発は新技術を実験する場であってはならなかった」と語っている。一方でエアバスは787と共通する新技術の多くをA350にも採り入れたが、信頼性やコストの面などから従来通りの技術も数多く残している。

　たとえば機体構造には787以上の比率で炭素繊維強化プラスチック（CFRP）を多用し、エンジンも787用に開発されたトレント1000をベースにしているが、787のようにシステムの多くを電気化することはなく、従来通り機内与圧にはニューマティックシステムを、車輪ブレーキには油圧を採用している。このように電気システムの負担を小さくしたことにより、787がリチウムイオンバッテリーの発火対策で苦慮していたときにも大きな影響を受けずに済んだ。

　またA350はコクピット窓周辺を黒くペイン

■ エクストラ・ワイド・ボディ

A350は当初A330の胴体断面をそのまま利用する予定だったが、航空会社の要望を受けて太い胴体が新規開発され「XWB（エクストラ・ワイド・ボディ）」と名づけられた。ただし現在ではエアバスでもこの呼称をあまり使わなくなった。

■ 進化する旅客機

初期型

現行型

初期のA350では、コクピット窓の前に横風検知用のベーン（小翼）が並んでいた。これは乗り心地を改善するためと言われたが、2019年頃からなくても対応できるとして撤去された。このような改良は日常的に行われている。

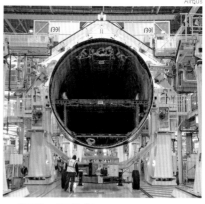

■ 卵形の胴体断面

A350の胴体断面はA330のような真円ではなく上が広い卵型をしており、床下にはLD3コンテナが2列に入る最小限のスペースを確保。床上はゆったりとした客室とオーバーヘッドビン、さらに大きな天井裏のスペースとなっている。

A350

787

■ 直線部分の長い胴体

旅客機は客室部分の幅ができるだけ変わらない方がシートなどを配置しやすい。787と比較してみると、A350はぎりぎりまで平行部分を維持したうえで、機首部分を急激に絞り込んでいる。またノーズギアの取付位置も機首に近い。

トしているのが特徴だが、これは787と比べると1枚あたりの窓が小さく、やや古めかしい印象があるのをカバーするためといえる。しかしコクピット窓はバードストライクなどで割れることがあり、交換時には窓が小さい方が安上がりで済む。つまり、航空会社の負担が小さい。さらに大きな窓は曇りを防止するためのヒーターなどによる熱の不均一さによっても割れやすくなるが、A350の窓にはそうした問題は起こっていない。結果的にA350は就航当初から高い信頼性を示し、「新造機ながら成熟した旅客機」とも言われることになった。

機体サイズと素材
胴体構造の多くに複合材料を使用

　A350には長さの違う4種類のモデルが計画され、そのうち3種類が作られている。全長60.45m（3クラス標準270席）のA350-800、全長66.80m（同314席）のA350-900、全長73.78m（同350席）のA350-1000、そして

■ 非常口

非常口はすべて大型のタイプAで、スライドシュートも幅広のダブルレーン式を装備。機内の非常口の表記は、787以降は文字に頼らないピクトグラムに変更されたが、A350ではさらに機体外側の表記もピクトグラムになった。

■ 胴体後部のライン

キャビンをできるだけ後方まで広く確保したうえで、水平尾翼取付部にかけては細く絞り込んでいる後部胴体。こうした形はA330などにも見られるもので、A350も基本的にはそうした空力的な効果を継承したデザインといえる。

■ 翼胴フェアリング

干渉抵抗だけでなくエリアルール(断面積の変化を滑らかにする)まで配慮しているという翼胴フェアリング。内部には与圧用空気の温度や圧力を調整するためのPACKが収められており、胴体下に熱交換機用の空気取入口がある。

■ 機体灯火

胴体下部のACL(衝突防止灯)。これに限らず機体内外の灯火はほとんどがLED化されており、消費電力や発熱量が少なく、また球切れによる整備の手間が小さくなっている。なおACLは白い機体もあるが、A350では赤く光る。

■ 床下貨物室

胴体下部に貨物室があるのは他のワイドボディ旅客機と同じだが、A350ではカーゴドアの幅が285cm(前方)〜280cm(後方)もあって、これは777と比べてもかなり大きい。そのため大型パレットの搭載も可能になっている。

全長70.8mのA350F貨物専用機(フレイター)だ。

これら各モデルの大きさをボーイングのライバル機と比較すると、A350-800は787-8/-9に対応していたが、後に開発は中止されて代わりにA330neoが開発された。またA350-900は787-9/-10に、A350-1000は787-10や777-300ER、そして開発中の777-8に対応し、A350Fは777Fを上回る積載量で747フレイターの後継需要を狙っている。777-9や747-8に対応できるモデルはないが、これはA350開発当時のエアバスにA380がラインナップされていたからだろう。だがA380や747-8はいずれも売れ行きが不振のまま生産を中止しており、A350を発注したJALもさらなる大型機には興味を示していない。

機体構造の特徴は、重量比で53%をCFRP(炭素繊維強化プラスチック)などの複合材料としていることだ。数字的にはせいぜい半分強にすぎないが、複合材料は軽いので使用割合を増やしてもなかなか重量比は増加しない。実際には、ほぼ全体がCFRPで作られていると考えていいだろう。ちなみに残り18%はアルミ合金あるいはアルミ・リチウム合金、14%がチタン合金、6%がスチール、その他(タイヤや窓など)が8%となっている。

787も機体構造のほとんど(約50%)を複合材料で作っているが、大きな違いは787が胴体を円筒状に一体成形しているのに対し

■ アスペクト比の大きな翼

A350-900の主翼はアスペクト比が9.49と細長いもので、スパンは64.75m。これは777-300ERなどとまったく同じで、いずれも空港で制約を受ける65m以下をぎりぎりでクリアすることを狙ったものだ。後退角は31.9度。

■ フラップとスポイラー

着陸時の機内から見た主翼。フラップは内側、外側ともシンプルな単隙間式（シングルスロッテッド式）で、その前方にスポイラーが並ぶ。スポイラーは上空ではエアブレーキとして、降下率を大きくしたいときなどにも使用する。

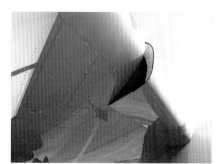

■ ドループノーズ

エンジンより内側の主翼前縁は、ドループノーズといって下に折れ曲がるようになっている。ただしエンジンよりも外側の主翼前縁にはスラットが装備されており、より大きな迎角でも失速しにくくしている。

■ A350-1000の主翼

最大離陸重量が大きくなったA350-1000には大きな翼が必要だが、生産や整備はできるだけ共用したい。そこでフラップなどの付け根より前方を平均30cmほど拡大するだけで対応しているが、見た目ではまずわからない程度の違いだ。

て、A350は四分割パネルを組み合わせることで修理や改造を容易にしていることと、コクピットの周囲は金属製としていることだろう。こうすることで周囲からの電磁的な影響を受けにくくなるというメリットがある。またCFRPは衝撃に弱いため、バードストライクなどを受けやすいコクピットまわりを金属製とすることは理に適っている。

翼と高揚力装置
-1000ではわずかに主翼を大型化

A350の翼幅は64.8mで、これは777-300ERとぴったり同じだ。主翼は横に細長い（アスペクト比が大きい）ほど効率がよいが、翼幅が65mを超えると空港内での移動やスポットの制約が大きくなる。そこで、ぎりぎりを狙うと同じ翼幅になってしまうのだ。

ただし長胴型のA350-1000は、最大離陸重量がA350-900の280tに対して316tと重いため、より大きな主翼が必要になる。かといって空港内での制約を考えると翼幅を大きくすることはできないし、A350-1000に合わせた大きな翼をA350-900に装備すると重量や空気抵抗で不利になる。そこでエアバスは、A350-900の主翼の前後長（翼弦長）を平均約30cm伸ばすことでA350-1000の主翼を大きくした。延長部分はリアスパー（後桁）の後方で、主翼前縁の後退角や主翼後縁のラインは同じため、見た目ではほとんどわからないし、操縦性なども変わらない。また、製造上の煩雑さもほとんどないだろう。

主翼も胴体と同じくCFRPを土体に作られ

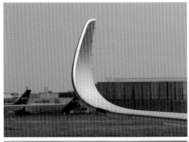

■ 垂直尾翼

CFRPで作られたA350（手前）の垂直尾翼の形は、A380（後方）とほぼ同じであることがわかる（ただしA380のラダーは上下に分割されている）。それ以外にも、A350にはA380のために開発された技術の多くが反映されている。

■ ウイングレット

翼端には主翼から滑らかにつながるウイングレットが装備されている。これも初期型と現行型では少し形状が異なっているが、同じウイングレットでも見る角度によってまったく見え方が異なる複雑なデザインだ。

■ 水平尾翼

水平尾翼は後方にピッチ制御用のエレベーターを備えているほか、水平安定板の取付角を変更してトリムを調整できる。ただしエアバス機の場合はトリムが自動的に調整されるのでパイロットが積極的に操作することはない。

ているが、翼内部のリブはアルミ合金製だ。主翼内の前後桁にはさまれた部分は燃料タンクになっており、その前後には高揚力装置がついている。すなわちエンジン内側の前縁には下に折れるドループノーズ、エンジンより外側前縁にはスラット、後縁には片側2分割のシングルスロッテッド（単隙間）フラップを装備している。またフラップを下げると同時にスポイラーもやや下がって空気の流れが滑らかになるようにしている。

ちなみにA350では離着陸時だけでなく巡航中の翼型を最適化するためにもフラップを利用しており、さらに内側フラップと外側フラップの角度を変えて作動させることで、翼幅方向の翼の揚力分布を最適にコントロールできるようになっている。これはパイロットが操作するのではなく、自動的に行われる。

エルロンは、ボーイングのワイドボディ機とは違って外側エルロンのみを装備しており、これを全速度で使用する。また、着陸時には

スポイラーと共に左右のエルロンが両方とも上がって揚力を減らし、タイヤの接地圧を高くすることでブレーキの効きを向上させている。

エンジン
シリーズ最大のトレントXWB

エンジンはロールスロイス・トレントXWBのみが用意されており、選択肢はない。これはトライスター時代のRB211から発展したトレントシリーズの6世代目にあたるエンジンで、日本の川崎重工業や三菱重工業、IHI、住友精密工業もリスク収益分担パートナーとして参加している。

787用のトレント1000と比べると、ファン直

エンジン Engine

■ ブリードエアシステム

同じトレント系列でも787用はニューマティックシステムを廃しているのに対して、A350は残している。そのためエンジンの周囲にコンプレッサーからの高温高圧のブリードエアを通すための太い配管が通されている。

■ チタン合金製ファンブレード

ロールスロイスはRB211で複合材料製ファンの開発に失敗して倒産したことがあり、現在もファンブレードには金属（チタン合金）を使用している。中央のとがったスピナーはコアに異物が入らないよう弾く効果もあるという。

■ トレントXWB

エンジンはロールスロイス・トレントXWB一種類のみが用意されている。エンジン径は777のGE90ほど大きくはないが、「コンコルドの胴体がすっぽりと入る」と形容されている。日本で身近な例としてはATRの胴体が、というべきか。

■ FADEC

ファンを覆うケースの外側に取り付けられたFADEC（周囲の多くの線をつないだ中央の黒い箱）。いわばエンジンの頭脳ともいうべき部分で、エンジンのあらゆる性能をデジタルでコントロールするようになっている。

■ 補助動力装置

第3のエンジンともいえるAPU（補助動力装置）の排気口は胴体後端に開口している。小型のガスタービンエンジンを使用しているが、排気は推力には貢献しない。空気取入口は垂直尾翼の右側の胴体にあり、運転するときだけ開く。

径が2.84mから3.0mに拡大しており、これはシリーズ最大となる。その大きさを表現するために、ロールスロイスは、しばしば「コンコルドの胴体がすっぽりと入る太さ」と形容しているが、日本ではあまりピンとこないだろう。現在の日本で飛んでいる旅客機でいえば、ATR42の胴体がすっぽり入る太さといったところである。バイパス比は、9.6:1だ。

22枚の巨大なファンはチタン製で、これが推力のほとんどを発生する。またトレントXWBには離陸推力に応じて、トレントXWB-75（7万4200lbf/330kN）、トレントXWB-79（7万8900lbf/351kN）、トレントXWB-84（8万4200lbf/375kN）、トレントXWB-97（9万7000lbf/40kN）といったモデルがあり、最強

のトレントXWB-97のみファンケースなどがやや大きい。これは大きな推力を発生するためにファンの回転数を上げる必要があり、万が一に備えてより強化されたファンケーシングが必要になったためだ。ちなみにJALの国内線仕様では最小推力のトレントXWB-75でもまだ強力すぎるため、実際の運用ではさらに推力を低く抑えることでエンジンへの負担を小さくしている。

またA350のトレントXWBには、電力や油圧の供給源としての役割もある。各エンジンにはそれぞれ2台の発電機が装備されており、交流230V、交流115V、直流28Vという3系統の電力を供給する。また、これ以外にもRAT（風力発電タービン）およびAPU（補助動力

ランディングギア　Landing gear

■ **メインギア**　A350-900　A350-1000

A350-900とA350-1000の大きな識別点であるのがメインギアのタイヤの数だ。最大離陸重量の大きなA350-1000はタイヤの数を増やして空港の路面への荷重を分散させているが、タイヤの径や太さはA350-900の方が大きく太い。

■ **油圧式マルチディスクブレーキ**

787はブレーキを電気式に変更しているが、A350は従来通り油圧式として信頼性を高めており、実際に就航初期からトラブルなく運航できている。なお同じ6輪ボギーの777のようなステアリング機構は備えられていない。

■ **ノーズギア**

ノーズギアはA350-1000の方が強化されているが、外観上は同じだ。初期型ではタキシーライトなどに従来からの電球が使われていたが、現在のモデルではLEDに置き換えられており、レンズが小さな円の集合体になっている。

装置）からも電力を供給することができる。油圧用のポンプは5000psiの高圧仕様となっており、従来の標準だった3000psiのシステムより細い配管でも大きな力を発揮することができ、重量軽減と小型化を実現している。

ランディングギア
-900と-1000で車輪数が違う主脚

　A350にはノーズランディングギアと、2本のメインランディングギアがつく。メインランディングギアのタイヤは、A350-900は4輪ボギー、重量が大きなA350-1000は6輪ボギーで、両モデルを簡単に識別する点ともなっている。タイヤの数を増やしたのは荷重を分散させて路面に対する負担を小さくするためで、A350-1000では胴体の格納部の前後長もA350-900の4.1mから4.7mに拡大している。

　ノーズランディングギアにはステアリング機構があるが、こうしたコントロールもフライ・バイ・ワイヤ（FBW）によってコンピューター制御されている。また脚柱にはコントロールボックスがあり、コクピットとのインターコム端子のほかAPUの停止／消火スイッチなども備えられている。A350-1000のノーズランディングギアは、メインランディングギアと違ってA350-900と見た目が大きく変わったということはないが、強度は高められている。これは増加した機体重量に耐えるためと、トーイング時の負荷の増加に対応するためだ。

　メインランディングギアのそれぞれのタイヤにはマルチディスクブレーキが装備されているが、これは787のような電気式ではなく通常の油圧式だ。A350-1000と同じく6輪ボギーのメインランディングギアを持つ777では、後

■ 国際線ファーストクラス（JAL）

JALのA350-1000に採用された個室型のファーストクラス。フルフラットにした場合、ダブルベッド並みの広さとなる。収納を充実させることでオーバーヘッドビンを不要としたため、囲われていても開放感のある空間になっている。

■ 国際線ビジネスクラス（JAL）

スライドドアを備えた個室タイプのビジネスクラス。収納が充実しているためセンターのオーバーヘッドビンは廃されている。ヘッドレストにはスピーカーが組み込まれているので、ヘッドフォンなしに映画や音楽を楽しめる。

■ プレミアムエコノミー（JAL）

かつてのビジネスクラスに匹敵する快適さを追求したプレミアムエコノミー。広いだけでなく、プレミアムエコノミーとしては世界で初めて電動リクライニングを採用し、ボタンひとつで快適な姿勢に調整できる。

■ エコノミークラス（JAL）

787よりも広い胴体に横9席をゆったりと配置したエコノミークラス。リクライニング角には限度があるが、リクライニングさせなくても快適な角度に設定されており、個人用モニターも従来の1.3倍に大型化している。

■ エレクトロクロミック調光

ファーストクラスとビジネスクラスの窓には、電気的に明るさを調整できるエレクトロクロミック調光が採用された。787にも使われている技術だが、A350では反応速度が大幅に早くなって好みの明るさに調整しやすくなった。

列のタイヤ2本がノーズランディングギアのステアリングと連動して左右に動くようになっているが、A350-1000にはそうした機構はない。また離陸時に地上高を確保するためのセミレバー機構などもないが、これは最初から十分な地上高を確保したので不要ということだろう。

一方でユニークなのはADB（自動差動ブレーキング）がつけられているということで、これはノーズギアのステアリング機構が故障した場合などのバックアップとして、後列のタイヤブレーキを左右で差動させることで機体の進路をコントロールするものだ。

キャビン
JALではプロダクトを完全刷新

A350のキャビン径は787と777の中間的なものだ。さらにほっそりとした印象があるのは、胴体径があまり変化しない直線部分をできるだけ長くしているためだろう。これはキャビンにシートを配置しやすいよう配慮したためである。

A350を国内線と国際線の両方のフラッグシップとして位置づけているJALは、国内線には2019年からA350-900を、国際線には2024年からA350-1000を投入。それぞれ

■ 温水洗浄便座

787でも好評だった温水洗浄便座は上位クラスだけでなく、エコノミークラスのラバトリーにも装備されている。採用しているのは日系航空会社のみだが、訪日外国人の増加で使用経験者が増えれば外国でも普及するかもしれない。

■ ギャレー

従来は乗客に見られることを想定していなかった舞台裏のような扱いだったギャレーだが、ボーディングなどの際は通路として使われることもある。そこでJALはA350のギャレーもおしゃれなキッチンのような上質な空間とした。

■ 非常口

非常口は原則としてCAが操作しなくてはならないが、事故の際には怪我や死亡の可能性もある。そこで乗客が操作する場合に備えて、開放時の注意（外部に火災や水没がないことの確認）などを含めた開放方法が記されている。

■ アシスト付オーバーヘッドビン

旅客機としては最大の大きさを持つオーバーヘッドビンだが、それだけに満載時の重さは相当になる。しかもA350は天井が高いため、動力アシスト装置を装備して軽い力でも締めることができるようにしている。

■ クルーレスト

胴体後方の天井裏にはクルーが仮眠するためのベッドが設けられている。A350よりも胴体の細い787ではこの部分のオーバーヘッドビンが使えなかったが、A350ではやや容量は小さくなっているものの使うことができる。

に、従来とはまったく異なる新しいシートやインテリアを採用し、それを今後のJALの新しいスタンダードにするとしている。

国際線仕様のA350-1000は4クラス計239席で、ファーストクラスは1-1-1席配置の合計6席、ビジネスクラスは1-2-1席配置の54席、プレミアムエコノミーが2-4-2席の24席、エコノミークラスが3-3-3席の155席となっている。デザインを監修したのは国内線/国際線仕様ともにイギリスのタンジェリン社で、日本の伝統美を意識した上質な空間を実現している。

ファーストクラスとビジネスクラスはJALとしてははじめてのスライドドア付の個室タイプで、ファーストクラスは巡航中には最大3名が座ることができる余裕があり、フルフラット時には

ダブルベッド並みの広さを確保している。さらに収納を充実させることでオーバーヘッドビンを廃し、頭上にも広々とした開放感を実現している。またファーストクラスとビジネスクラスでは、ヘッドレストにスピーカーを組み込むことによってヘッドフォンをしなくても映画や音楽を楽しめるほか、窓には電気的に明るさを変化できるシェードを装備した。同様の電気シェードは787でも採用されているが、A350では反応速度が大幅に早くなっている。

プレミアムエコノミークラスのシートは、リクライニングを世界で初めて電動化して、かつてのビジネスクラスに近いものとしている。またエコノミークラスのシートも、リクライニングさせなくても快適な座り心地となるように角度な

■ コクピット

大型の横長電子ディスプレイを6面装備したA350のコクピット。それぞれのディスプレイは同じ仕様で故障時にはバックアップとして利用できる。なお画像では折り畳まれているが、HUDもオプションで装備できる。

■ 機長席

見かけはずいぶん変わっているが、A350のパイロットの資格はA330と共通となっている。ディスプレイの大きさは違っても、1面にA330の正面ディスプレイ2面分の類似情報が表示されており、実用上はほとんど違和感がない。

■ センターペデスタル

スラストレバーを中心に、フラップやスピードブレーキ、無線コントロールパネルなどが並ぶ。A350はタッチパネルを装備しているが、乱気流で正確な操作がむずかしいときに備えて手元のKCCU（半円形の突き出し）でも操作できる。

どを調整している。また個人用モニターも4K対応の13インチサイズに大型化（従来比1.3倍）している。

コクピット
大型化されたLCD画面

　A350のパイロット資格はA330と共通化さ

れているが、コクピットの見かけは大きく違っている。サイドスティックの形状や大きさ、操作方法などは同じだが、LCD（液晶ディスプレイ）は大型の横長画面6面に変更されている。それぞれのパイロット正面はEFIS（電子式飛行情報システム）といい、PFD（主飛行情報）やND（航法情報）を主に表示する。

■ オーバーヘッドパネル

頭上のオーバーヘッドパネルにはシステム関係のスイッチが並ぶが、ほとんどはオートで制御されるため飛行中はあまり触る必要はない。ワイパーや外部ライトなど比較的使用頻度の高いスイッチは最前方に配置されている。

■ キーボード

格納式の正面テーブルにはキーボードが装備されている。機体へのデータ入力のほか、最近では多くなっている管制官とのテキストの交換（CPDLC）などにも使用することができ、カバーをすれば普通にテーブルとして使える。

■ サイドスティック

見かけはずいぶん違うが、パイロットの資格はA330と共通であり、サイドスティックの形や操作方法も同じだ。その左側にあるのは地上で使うステアリングチラー。正面パネルの下にはテーブルが格納されている。

■ コクピット非常口

A350の窓は固定されていて開かないので、コクピットからの脱出に通常のドアを使用できない場合に備えて頭上に非常口が備えられている。地上からはかなりの高さがあるため、安全に降下するためのワイヤーが備えられている。

中央上部のディスプレイはECAM（電子式集中航空機モニター）で、エンジンやシステム関係の情報、各種の注意・警告メッセージなどを表示する。中央下部のディスプレイはMFD（多機能ディスプレイ）で、主にFMS（飛行管理システム）や電子チェックリスト、管制機関とのデータのやりとり（CPDLC）などに使われる。また、正面外側のディスプレイはOIS（機上情報システム）といって、従来の紙メディアに代わるマニュアルやチャートなどを表示できる。

ディスプレイ上のカーソルを動かしたり、データを入力するインターフェースとしては、セントラルペデスタルにKCCU（キーボード＆カーソルコントロールユニット）と、パイロット正面にある収納式テーブルにもキーボードが内蔵されているが、2019年12月からはモニターにタッチスクリーン機能が追加されて操作性が向上した。HUD（ヘッド・アップ・ディスプレイ）は標準装備の787とは違ってオプション装備だが、これは航空会社ごとの運航スタイルに合わせて選べるようにしたためであるという。ちなみにJALは国内用、国際用ともにHUDを装備している。

また滑走路の残距離と自機の速度からオーバーランの危険を判断してパイロットに警告したり、予定の誘導路から出るために自動ブレーキの強さを調整するBTV（滑走路離脱ブレーキ）、空中衝突警告発動時に自動で回避操作を実施する新TCASなど、さまざまな機能が加えられている。

貨物型も開発でファミリー拡大へ
エアバスA350 派生型オールガイド

エアバスが複合材料などの最新技術をふんだんに盛り込んで、
次世代双発ワイドボディ機として開発したのがA350XWBである。
A330を改良する当初方針から完全な新設計へと転換した結果、
機体は「エクストラ・ワイド・ボディ」の異名通り一回り大きなサイズとなり、
ボーイング777に対抗する機種となった。
A380の製造が終了した現在、エアバス機のラインナップの中で最大の機種となったA350XWB。
現時点で派生型は少ないものの、貨物型の開発も進んでおり、
今後も777と激しい受注競争が続きそうだ。

文=久保真人

エアバス**A350**

原油価格の高騰に加え、地球温暖化が懸念される環境問題は、世界の民間航空界にも大きな影響を与えている。エアバスは2000年代半ばから時代が求める要求に真正面から取り組み、低燃費・低騒音・低排気ガスを追求した新世代エンジンを装備する新型中型機の開発に着手した。その結果が2015年1月に初就航したA350だった。ライバルであるボーイング787とともに、大量輸送から効率重視の時代へのパラダイムシフトを牽引する代表的な旅客機として順調に受注を集めており、今ではエアバスの屋台骨を支える機種の一つとなっている。

A350 Specifications

	A350-900	A350-900ULR	A350-1000	A350F
全幅	64.75m	←	73.79m	←
全長	66.80m	←	73.79m	70.80 m
全高	17.05 m	←	17.08 m	←
翼面積	443.0㎡	←	464.3㎡	←
エンジンタイプ	Trent XWB-84 (38,192kg)	←	Trent XWB-97 (43,998kg)	←
最大離陸重量	283,000kg	280,000kg	319,000kg	←
最大着陸重量	207,000kg	N/A	263,000kg	N/A
零燃料重量	194,000kg	N/A	223,000kg	N/A
燃料搭載量	140,817L	166,558L	158,987L	←
最大巡航速度	M0.85	←	←	←
航続距離	15,372km	18,000km	16,112km	8,700km
標準座席数（2クラス）	300-350	161*	350-410	—
初就航年	2015	2018	2018	—

*シンガポール航空仕様

Airbus

A350-900
最新技術と信頼性の高い
既存の技術を融合させた中型機

A350-900

Airbus

エアバスは中型の双発機A300/A310に続いて、旅客機では初めてフライト・コントロール・システムにFBWを採用した小型機A320を開発してマーケット・シェアを拡大することに成功した。その後A300/A310を刷新する中型のA330/A340により長距離用の中型機をラインナップに加え、さらに747に対抗する世界最大の旅客機A380を開発してボーイングに対抗できるフルラインナップを完成させた。

一方のボーイングは、既存の技術をブレークスルーする中型双発機の「ソニッククルーザー」と7E7の開発に注力し、その結果として2005年1月28日に7E7が787ドリームライナーとしてローンチ、多くの受注を集めることになった。

エアバスはA380の開発に続き、2004年に787に対抗するために既存のA330の胴体にCFRP製の新主翼を組み合わせ、新型エンジンを採用するなどしたA350の開発に踏み出した。2005年10月にローンチしたA350だったが、すでに開発が進められてい

た同サイズのボーイング787に比べると新しい技術の導入や斬新さに劣り、航空会社から機体計画の改善を求められてしまった。

そこでエアバスは、A300/A310/A330/A340が採用してきた最大径5.64mの断面を持つ胴体を、5.97mに拡大（787の最大径は5.74m）した新設計の胴体に変更し、面積を拡大して後退角を増やした新設計の主翼にするなどしたA350XWB（eXtra Wide Body）を航空会社に再提案した。この新たなデザインのA350XWBに対し、まずシンガポール航空が発注する意向を示したことで2006年12月1日にローンチした。

A350XWBは最初に開発されるA350-900を基本型として、胴体短縮型のA350-800と胴体延長型のA350-1000の3タイプで構成されることになった。なお、短胴型のA350-800は、2014年7月14日にサイズ的に競合するA330neoが発表されたことで計画が凍結されている。

A350XWBで採用される新しいCFRP製の胴体は、円形を一体形成している787とは異なり、上面、下面、左右側面の4枚のパネルを組み合わせた工法を採用している。胴体の強度が高いCFRPを採用したことで、客室窓の拡大や機内与圧を上げることが可能となっていることは787と変わらない。

CFRPはアルミ合金の機首部を除く胴体と主翼、水平尾翼、垂直尾翼など全体の53％に使われている（787は50％）。主翼は面積がA330-300の361.6㎡からA350-900では443.0㎡に拡張されるとともに、翼端には空気抵抗を低減させる高さ4.3mのブレンデッド・ウイングレットを備えている。これはA320ファ

ミリーに採用されているシャークレットを洗練させた湾曲した翼端板だ。

787ではニューマチックを廃止して与圧・空調や主脚のブレーキ、主翼前縁の防氷などに電気を使用した新しいシステムを導入しているが、A350XWBは従来機同様にニューマチック・システムが残されて空調や主翼前縁の防氷装置などに使用されている。これは新しいシステムの革新性よりも信頼性を重視した結果ともいえる。

コクピットはそれまでのエアバスFBW機の流れをくむA380とは異なり、6基の横長LCDを配置した新しいデザインに変更された。標準的な表示では左からオンボード・インフォメーション・システム（OIS）、プライマリー・フライト・ディスプレイ／ナビゲーション・ディスプレイ（PFD/ND）、エレクトロニック・セントライズド・エアクラフト・モニター（ECAM）が横一列に並び、中央のECAM下にマルチ・ファンクション・ディスプレイ（MFD）となる。

また左右の操縦席前にHUDを標準装備している。正面計器盤の下部にキーボードを内蔵した折りたたみ式のテーブルが設けられている点はA380と同じで、パイロットはこのキーボードを使用して各種システムへのコマンド入力やマニュアルの呼び出し、パフォーマンスの計算などができる。もちろんA320/A330/A340/A380との相互乗員資格が適用されて、A330からA350へは8日間の訓練で機種転換が可能としている。

エンジンは787ではゼネラル・エレクトリックGEnxとロールスロイスTrent1000からの選択制を採用したが、A350XWBはTrent1000を改良した74,000〜97,000lbf級のTrent XWBのみとなった。このエンジンは軽量化とともに燃料消費量とCO_2排出量が従来のTrentエンジンよりも25%削減され、A350-900の標準エンジンとなるTrent XWB-84の推力は84,200lbfとなる。

A350-900の最大離陸重量は283,000kg、航続距離は15,372kmとなり、777-200ERの後継機としては最適な機種となるほか、同じセグメントで競合する787-10よりも長い距離を飛行できる。

A350-900の初号機F-WXWB（MSN＝Manufacturer's Serial Number 001）は2013年6月14日に初飛行して2014年9月30日にEASAの型式証明を、その2か月後にFAAの型式証明を取得した。2014年10月15日にはEASAの180分ETOPSとともに300/370分ETOPSを取得可能な規定も承認された（FAAは2016年5月2日に180分ETOPSを承認）。

初引き渡しはカタール航空向けのA7-ALA（MSN006）で、2014年12月13日に受領して、2015年1月15日にドーハ〜フランクフルト線で初就航した。

日本では2013年10月7日にJALが777の後継機としてA350-900を確定18機、A350-1000を確定13機、オプション25機で購入契約を締結した。それまでダグラス、ボーイングとアメリカ製の旅客機のみを導入してきたJALが、初めて欧州製のエアバス機の導入を決めたことで大きな話題になっている。まず国内線用の777-200/-300の後継となるA350-900を受領し、初号機JA01XJ（MSN321）が2019年9月1日の羽田〜福岡線で初就航した。JALは2024年1月までにA350-900を16機（1機は2024年1月2日に羽田で発生した衝突事故による火災で消失）受領している。なお、日本の国内線のような短距離で多頻度の運航が行われている路線にA350を投入しているのはJALだけである。

A350-900は2023年末現在でドイツ空軍などが運用するACJ350を含めて512機（後述するULRを含む）が生産されている。

A350-1000
標準型を凌ぐ航続距離を誇る
ストレッチ型

A350-1000

A350-900に続いて開発されたA350-1000は、胴体を主翼の前後で7m延長したことで全長70.8mとなり、2クラスで350〜410席、最大で480席を設定可能な大型機となった。胴体延長に伴う重量増に対して主脚はA350-900の4輪から6輪の3軸ボギーに変更され、主翼後縁を延長して面積を拡大するとともに、燃料搭載量をA350-900よりも18,170リットル多い158,987リットルに拡大している。

エンジンは97,000lbf級のTrent XWB-97を装備して、最大離陸重量は319,000kg、航続距離はA350-900よりも長い16,112km

となった。これは2010年に生産を終えたA340-600とほぼ同等の客席数でありながら、超長距離用機材として開発されたA340-500とほぼ同等の航続距離になる。

A350-1000は2015年9月に組み立てを開始して、初号機F-WMIL（MSN059）が2016年11月24日に初飛行し、2017年11月21日にEASAとFAAの型式証明を取得した。ローンチカスタマーとなったカタール航空への初引き渡しは2018年2月20日で、A7-ANA（MSN088）が2月24日のドーハ〜ロンドン線で初就航した。

A350-1000はカタール航空に続きキャセイパシフィック航空、エティハド航空、ヴァージン アトランティック航空、ブリティッシュ・エアウェイズなどが導入を進め、今後もカンタス航空やエアインディア、エバー航空、デルタ航空が長距離路線に投入する。日本ではJALが777-300ERの後継機として13機を導入予定で、初号機JA01WJ（MSN610）を2023年12月14日に受領、2024年1月24日の羽田〜ニューヨーク線で初就航している。

A350-1000は2023年末現在で82機が生産されている。

A350-900ULR
20時間超えの運航を可能にした
ウルトラロングレンジャー

エアバスは航続距離が最長16,670kmとなるA340-500を2003年から2010年まで生産し、超長距離路線をネットワークに加えようとしていたエアラインの需要に応えていた。この後継機となるのがA350-900の航続距離

を延長させたA350-900ULR（Ultra Long Range）で、シンガポール航空の発注により2015年10月13日にローンチした。

この派生型はTrent XWB-84を装備したA350-900をベースに、ペイロードを下げる

代わりに燃料タンクの容量を140,817リットルから166,558リットルに増加することで航続距離を18,000kmまで延長させる超長距離用モデルとなる。この航続性能はA340-500で最も重量の重いオプション型の16,670km、777-200LRの17,370kmを凌ぎ、世界一航続距離の長い旅客機となった。

A350-900ULRは2018年2月28日にロールアウトして2018年4月23日に初飛行。2018年9月22日に9V-SGA（MSN220）がシンガポール航空に引き渡され、10月11日にシンガポール～ニューアーク線で運航を開始した。区間距離約16,000kmを約19時間で結ぶこの路線は、2004年8月から2013年11月までA340-500で運航されていたが、A340-500の退役により休止されていた。A350-900ULRの導入により約5年ぶりの復活となった。

シンガポール航空のA350-900ULRはビジネスクラス67席、プレミアムエコノミー94席の2クラス161席の特別仕様で就航している。

A350-900ULRは7機が生産されて、全機シンガポール航空に引き渡されている。

A350F
旺盛な貨物機需要に応える
開発中のフレイター

エアバスは2010年7月20日に引き渡しを開始したA330-200Fとともに、A321とA330-300の旅客型を貨物機に転換するP2Fプログラムを提供している。しかしボーイングの777Fと開発中の777-8Fに対抗できるペイロードが100t級の大型フレイターはラインナップになかった。そこで1,000機以上を受注しているA350の貨物型を計画して将来の大型ワイドボディ貨物機市場に参入することを決めた。

2021年7月に、2025年の引き渡しを目指して開発が開始されたA350Fの全長はA350-900とA350-1000の中間となる70.80m。ペイロードは109t、最大離陸重量はA350-1000と同じで、航続距離は8,700kmとなる。

メインデッキの左舷主翼後方に大型の貨物ドアを設けて、30枚のPMP/PMCパレット（2.43m×3.17m）が搭載可能としている。床下貨物室には12枚のPMP/PMCパレットも

しくは40台のLD-3コンテナを搭載できる。これは777Fよりも多く、777-8Fと同等の搭載能力となる。

A350Fは2021年11月に開催されたドバイ航空ショーでエア・リース・コーポレーションが発注してローンチカスタマーとなった。2022年2月に開催されたシンガポール航空ショーでシンガポール航空も7機を発注するなど2023年末までに50機の受注を得ている。

時代を変革した翼たち

フラッグシップ変遷史

777とA350XWBは、今のボーイングとエアバスを代表するフラッグシップ機と言われる。
このフラッグシップ機とは、もともと帆船の艦隊戦が始まった16世紀頃に生まれた海軍用語で、
艦隊の中心となる指揮官座乗の船（艦）をこう呼んだという。
Flagship、つまり旗艦だ。指揮官旗を掲げて艦隊を動かすフラッグシップは
最も重要で象徴的な船であり、このイメージが現代に定着したのだ。そして航空業界では
機体メーカーやエアラインが自分たちを象徴する機種を、フラッグシップ機と呼ぶ。
その言葉の定義は主観的で明確ではなく、それぞれの立ち位置でその時に最も大事な機種、
最も輝く存在がフラッグシップ機なのだろう。
そこでフラッグシップ機の流れをたどれば、民間航空の時代の変遷が見えるのではないか――。
そんな視点で航空史上のフラッグシップ機を追ってみよう。

文−内藤雷太

ダグラスDC-3

軍用型を含めると1万機以上も生産されたDC-3。初期のオペレーターであるアメリカン航空はDC-3を「フラッグシップ」と呼んだ。日本でも戦後の民間航空草創期に活躍した実績がある。

出典：Library of Congress (USA)

Masahiko Takeda

初のフラッグシップはDC-3

　フラッグシップ機と聞いて思い浮かぶのはボーイング747のような大型旅客機だが、航空界にフラッグシップ機が現れたのはもっと昔、第二次世界大戦前の民間航空黎明期である。初めてフラッグシップ機の言葉を公に使ったのは、1930年創業のアメリカン・エアウェイズ・コーポレーション（アメリカン航空）、そして初代フラッグシップ機は世界初の本格旅客機と称されるダグラスDC-3だった。エアラインが続々と誕生した1930年前後、弱小のアメリカン航空を大航空会社に育て上げた初代社長C.R.スミスが、自慢の新型機DC-3を「フラッグシップ」、また空港の顧客ラウンジを「アドミラルズクラブ」と呼んで、艦隊イメージで同社を宣伝したのが始まりと言われる。しかもDC-3自体、スミスがダグラスを口説いて

作らせた機体だった。

　ライト兄弟による人類初の動力飛行からきっちり32年後に初飛行したDC-3は、全金属モノコックのレシプロ双発旅客機だ。今見れば小さな古典機だが、当時を知ればこの印象は変わる。当時の旅客機は脆弱で世間からは危険と敬遠され、しかも世の中は世界恐慌の真只中でエアラインはどこも倒産寸前だった。旅客輸送よりも安定収入が得られる航空郵便輸送で何とかやり繰りしていたのが現実である。当時の主力機は木製主翼で乗客数10名のオランダ製フォッカーF.VIIや全金属製のフォード・トライモーターだが、どちらも事故や欠航が多く敬遠されるのも当然だった。

　そんな中、ボーイングが同社の運航部門だったボーイング・エア・トランスポート（ユナイテッド航空）の依頼で新型機開発を始め、1933年2月に完成したのがボーイング・モデ

ル247である。全金属モノコック構造で乗客数10名のキャビンに引き込み脚、自動操縦の最新装備が施されたこの機体の登場が、DC-3開発のトリガーとなった。ボーイングに殺到した多くのエアラインは身内のユナイテッド航空を優先するボーイングの方針でみな門前払いとなり、その中の一社であるトランスコンチネンタル・アンド・ウェスタン・エア（TWA）が「ならばモデル247以上の旅客機を自前で作ろう」と動いたのだ。

この時、TWAが開発依頼先に選んだのが当時新興のダグラス・エアクラフトだった。旅客機開発経験が無いダグラスには賭けだったが、名経営者で自身も航空エンジニアの社長ドナルド・ダグラス以下、名主任設計技師アーサー・レイモンドやノースアメリカン・アビエーションの創業者ジェームズ・キンデルバーガー、ノースロップを興したジャック・ノースロップら優秀な技術者を擁したダグラスは、モデル247からわずか5か月遅れで同社初の旅客機DC-1を完成、これに狂喜したTWAが乗客を14名に増やしたDC-2の量産を即決して後の名門ダグラスの旅客機シリーズが始まることになった。

DC-1の全金属モノコック構造や引き込み脚、可変ピッチプロペラに加え、最新技術の高揚力装置フラップも装備したDC-2は大評判となるが、これでひらめいたのがスミスである。当時アメリカン航空は、豪華内装に寝台付きのカーチスT-32コンドルⅡ複葉機で夜行便を運航しており、「DC-2に寝台とキッチンを装備してこの路線に投入すれば大ヒット間違いなし」とスミスは考えた。DC-2受注で多忙な中、電話で何時間も食い下がるスミスに根負けしたダグラス社長はこれを承諾、こうしてDC-3開発が始まった。

当初、DST（ダグラス・スリーパー・トランスポート）と呼ばれた新型機は、14名分のプル

マン式寝台のためにDC-2の胴体と主翼を大型化し、さらに空力の見直しでDC-2以上の高性能を得て翌1935年12月17日に初飛行に成功した。DSTを7機揃えたアメリカン航空は「弊社の新フラッグシップ：スカイスリーパー！」と大々的に宣伝をするも、この企画は不発に終わる。

8機目からはキャビンを3アブレスト7列21席に戻し、全長19.7m、最大速度350km/h、航続距離2,900kmの高性能旅客機となったDSTは名前もDC-3に変え、ここに伝説の名旅客機が完成した。高い安全性と信頼性を有するDC-3は定時運航を実現し、従来の二倍の乗客数でシートコストが大きく下がって航空利用客が急増、これでエアラインは慢性経営危機から抜け出した。

アメリカン航空に続きユナイテッド航空、TWA、英国海外航空（BOAC）など世界中のエアラインがフラッグシップとして導入したDC-3は、民間航空黎明期に業界の基盤を作り、第二次世界大戦開戦までの三年で600機以上が作られる大ベストセラーとなったが、この機体の活躍はさらに続いた。開戦で民間航空活動が停滞する中、DC-3は連合軍の主力輸送機C-47スカイトレインとして1万機以上量産され、兵站の要として連合軍を勝利に導いたのだ。終戦後は払い下げにより再び民間機として活躍を続けた初代フラッグシップ機のDC-3は、歴史的名機として航空史に名を残している。

コンステレーションの大ヒット

同じ頃、戦前における航空のメッカだったヨーロッパには迫る大戦が暗い影を落とし始めていた。そんな中で既にナチス政権下にあったドイツのユンカースは、全金属製低翼三

発機Ju52/3mでヨーロッパを席巻した。ジュラルミン波板の武骨でユーモラスなJu52/3mは、ユンカース特許のスロット式エルロン/フラップで狭い飛行場でも運航でき、堅実さと信頼性でルフトハンザやスイス航空、アエロフロートなど多くのエアラインが運航した戦前のヨーロッパのフラッグシップ機だった。

さてフラッグシップ機なら大型飛行艇にも触れるべきだろう。海外旅行なら船旅が常識の当時、パンナムやBOACなどのフラッグキャリアは、大型飛行艇で国際航空路線開拓に挑戦した。飛行艇は海さえあれば滑走路など気にせず運航できるので、大きくなっても問題ない。このため大型飛行艇で国際路線が開拓され、中でもパンナムは長距離四発大型飛行艇マーチンM130や巨人飛行艇ボーイング314クリッパーで、太平洋や大西洋横断の豪華旅行を積極的に売り出した。

豪華ダイニングやラウンジ、客室を装備した大型飛行艇は、夜は着水して洋上ホテルに変身する。一流ホテルシェフのフルコースを堪能しながらラウンジで優雅にくつろぐエグゼクティブな空の旅を演出して、各飛行艇は艇名のクリッパー（大型快速帆船）ゆかりの愛称を与えられ、文字通りフラッグシップとして宣伝された。優雅な時代の空気を纏い悠々と空を旅した豪華飛行艇だったが、戦争を境にひっそりと消えた。

1941年には米国も大戦に巻き込まれ、民間航空活動が停滞する一方、航空技術は戦争で再び飛躍的進化を遂げた。やがて終戦で経済が復興に向かうと各国エアラインも息を吹き返し、同時に民間開示が許された軍用技術で進化した旅客機が次々と登場して、市場は急加速する。

戦前はヨーロッパの後塵を拝していた米国が世界最大の航空大国となり、航空界をリードした。超大型爆撃機B-29を開発した

┃ユンカース Ju52/3m

第二次世界大戦前のヨーロッパで多くのエアラインが導入したユンカースJu52/3m。レシプロエンジン三発という機体構成も珍しい。現在も飛行可能な保存機が実存している。

Charlie FURUSHO

資料所蔵＝曽我誉旨生

ボーイング314クリッパー 陸上空港が未整備だった時代の国際線では大型の飛行艇が活躍した。写真は1939年に開催されたゴールデンゲート万博の公式土産物として発行された絵葉書で、写っているのはサンフランシスコ上空を飛ぶパンナムのボーイング314。

ボーイングや輸送機を量産したダグラス、P-38戦闘機を作ったロッキードなどが続々と新型旅客機を開発し、まずレシプロ旅客機黄金期が到来した。

この時代を象徴するフラッグシップ機はロッキード・コンステレーションとその発展型のスーパーコンステレーション、そしてダグラスDC-4とDC-6だろう。優雅な姿に抜群の高性能を秘めたコンステレーションと、軍用機として鍛えられた合理的設計で実用性と高性能を兼ね備えたDC-4/DC-6は復興の象徴となった。

コンステレーション開発のきっかけは、ロッキードがパンナム会長ファン・トリップの依頼で始めたモデル44エクスカリバー開発だ。しかし開発開始から間もない1939年、大富豪で著名な航空家のハワード・ヒューズが登場し、話は意外な展開となる。ヒューズは「必要なだけ金を出すから、エクスカリバーを白紙に戻し、私の理想の旅客機を作らないか」と持

ち掛けた。この話に乗ったロッキードは、大富豪ヒューズが個人所有するエアラインTWA（トランスワールド航空）のため、ヒューズの理想の旅客機開発を極秘で始めた。

その後、開戦で軍管轄となった開発機は、試作機XC-69として1943年1月9日に初飛行、並外れた性能の片鱗を見せたが、主力爆撃機と戦闘機の製造を優先してC-69の量産は中断され、その存在は機密として終戦まで隠された。しかし、戦後の民間航空を見越したロッキードが軍の許可を得てC-69を本来のL-049として完成させ、終戦直前の1945年7月12日に初飛行に成功、ここで新型機の存在を公表しライバルのボーイングやダグラスを出し抜いた。

こうして突如現れて世間を驚かせたL-049コンステレーションは、TWAとパンナムへのデリバリーを皮切りに、デルタ航空、キャピタル航空、ブラニフ航空、エールフランス、

BOACと立て続けに導入が進んで誰もが認めるフラッグシップ機となった。コニーの愛称で親しまれ、その姿から「空の貴婦人」とも呼ばれたコンステレーションを設計したのは伝説の設計者クラレンス"ケリー"ジョンソン、内装デザインは20世紀を代表する名デザイナー、レイモンド・ローウィだ。

長距離高高度高速巡航機として作られ、防音空調完備の与圧キャビンや翼の防氷装置などの先端技術をふんだんに取り入れた機体のエンジンは、レシプロ最大級の出力を誇ったライトR-3350デュプレックスサイクロンだった。乗客数81名、最高速度510km/h、航続距離6,400km、巡航高度7,346mという桁外れの高性能旅客機L-049を真っ先に受け取ったTWAとパンナムは競って大西洋横断に乗り出し、1946年2月3日にパンナムがバミューダ～ニューヨーク間で運航を始めると、2月5日にはTWAがニューヨーク～パリ間で初の大西洋横断路線を19時間46分で飛んで対抗した。

こうして戦後の民間航空は大西洋横断路線の急成長で始まり、これを実現したL-049は売れに売れた。市場の急成長と共に高まるエアラインの要求に応えるべくL-049の改良を続けたロッキードは、やがて強敵ダグラスの名機DC-4、DC-6の登場に対抗するため、シリーズ最高峰のL-1049スーパーコンステレーションを登場させた。

5.5mの胴体延長で乗客を最大106名まで増やしたスーパーコンステレーションは航続距離を9,398km（5,870nm）まで伸ばし、レシプロエンジン最高のR-3350ターボコンパウンドを搭載して最高速も550km/hの俊足を誇る機体へ進化した。イースタン航空が1951年12月に運航を開始すると他社も競って大西洋横断路線、太平洋横断路線、大陸横断路線に導入し、L-1049はシリーズ最

■ロッキードL-1049

欧米を中心に多くのエアラインが導入したコンステレーションシリーズ。性能向上を狙って派生型も次々と作られた。写真はルフトハンザのL-1049Gスーパーコンステレーション。

Lufthansa

ダグラスDC-4 軍用輸送機のC-54スカイマスターとして初飛行したDC-4。傑作輸送機となったが、第二次世界大戦後は大量に民間へ払い下げられたため、DC-4として新造された機体は少ない。写真は伊丹空港に駐機する日本航空のDC-4。

大のベストセラー機となった。

最終的に貨物型、軍用型も含め全シリーズで856機を製造したコンステレーションは、際立った個性で復興途中の民間航空界に未来を示したヒューズからのメッセージだった。

傑作機DC-6でダグラス復権

この時代、ロッキードと覇を競ったダグラスはスタートで出遅れた。戦後に入っても米軍輸送機の製造に追われた上、ダグラス自身が量産した軍用輸送機が大量に民間放出されて新造機が売れなくなった。この輸送機がC-54スカイマスター、民間型はDC-4である。

DC-4にはDC-4Eという全く別の先代モデルがあり、これはユナイテッド航空の依頼で1935年に開発された。DC-3後継を目指して試作した大型四発機だが、欲張りすぎて大きく複雑で手の掛ける機体となり、結局試作止まりの失敗作となった。そこで評価を行ったエアラインの膨大な改善リストを基に白紙からやり直したのがDC-4だ。

DC-4の開発もL-049と同様に戦争で軍へ移管され、C-54スカイマスターとして1942年2月に初飛行した。高性能と実用性を併せ持つ傑作輸送機のC-54は戦後の1946年までに1,134機も量産され、500機が戦後民間に払い下げられた。こうして大量に市場に出回ったDC-4はエアライン復興の主力となったが、おかげで新造のDC-4は79機に留まった。

DC-4Eの教訓で機体サイズを抑え、乗客数も44名に減らしたDC-4は最高速度450km/h、航続距離5,300km、P&W R-2000エンジンを四基搭載した汎用性の高い輸送機だった。性能はコンステレーションにや

や劣り与圧キャビンも無いが、凝ったコンステレーションより断然扱いやすく、払い下げで安価な点が魅力だった。また戦後に製造された79機もフラッグキャリアや中堅エアラインの手頃なフラッグシップ機として人気で、パンナムはこの機体で太平洋横断線の定期運航を開始し、日本では発足直後の日本航空がDC-4で本格運航を開始した。

こうして民間航空界に戻ったダグラスだが、やはりDC-4では力不足で1947年に真打ちの名機DC-6を登場させた。C-54スカイマスターの高性能版として1944年に開発が始まったものの終戦に間に合わず、結局民間旅客機として1946年2月15日に初飛行した。DC-4の胴体を約2m延長して客席を68席まで増やし、懸案の与圧キャビンも標準装備、傑作エンジンP&W R-2800ダブルワスプへの換装でパワーアップしたDC-6は、最高速度525km/h、航続距離7,377kmの高性能を誇った。

高性能、高信頼性、汎用性、経済性をすべて合わせ持つDC-6は700機以上が製造され、レシプロ旅客機の最高傑作と言われる。特に一番売れた旅客型のDC-6Bはパンナムが大西洋・太平洋横断路線の主力として使用するなど、各国フラッグキャリアでフラッグシップ機を務め、日本航空がこの機体で東京〜ホノルル〜サンフランシスコ間の太平洋横断線を開設して国際復帰を果たしたので、日本でも人気の機体だった。

ジェット機の登場と発展

こうして民間航空の戦後復興はレシプロ大型旅客機の競演で始まり、しばらくレシプロ機の時代が続くと思われたが、1952年5月2日、BOACがロンドン〜ヨハネスブルク間

■ダグラスDC-6 日本航空草創期の主力機としても知られるDC-6B。写真は1961年にバンコク空港で撮影された日本航空機で、左手にはライバル関係にあったコンステレーションの尾翼も見えている。

de Havilland

▎デハビランド・コメット

民間航空界のジェット時代を切り拓いたデハビランド・コメット。英国の期待を背負った意欲的な機種だったが、金属疲労を原因とする墜落事故が相次ぎ、フラッグシップの座を確立することなく姿を消した。

で画期的な新型旅客機による運航を開始して、再び大変革が訪れた。世界初のジェット旅客機デハビランド・コメットだ。

この機体の開発の発端は戦時中に遡る。大戦の影響で、戦後米国に航空先進国の地位を奪われると考えた英国政府は、戦争の最中に戦後の英国が行うべき航空機開発を模索するブラバゾン委員会を設立した。委員会は戦後経済や技術動向予測で重要度の高い航空機開発について纏めた報告書を上申、ところが戦後予測が間違っていて逆に英国没落の原因となった。この委員会の功績は、主要メンバーだったデハビランドの創業者サー・ジェフリー・デハビランドが、コメット開発を政府に認めさせたことかも知れない。

英国期待のコメットは1949年7月27日に初飛行に成功し、すぐにBOACが国際線の運航を始めた。主翼付け根に遠心圧縮式ター

ボジェットエンジン、デハビランド・ゴーストを搭載した乗客数36のコメットは、レシプロエンジンでは不可能な巡航速度764km/h、巡航高度10,700mの高性能でジェットの可能性を示し、世界のエアラインがこれに飛びついた。ところが、これが新時代のフラッグシップ機だと世界が信じた矢先、空中分解事故を二回立て続けに起こしたコメットは全機運航停止となる。英国は金属の応力疲労を考慮した与圧構造設計ができていなかった。こうしてコメットは彗星のように登場し、彗星のように消えてしまった。

コメットの悲劇とロッキード対ダグラスの覇権争いを、脇で見ていたのがボーイングである。かつて民間航空で活躍したボーイングは、戦後はB-29を基にした豪華二階建て大型四発レシプロ旅客機ボーイング377ストラトクルーザーを登場させた以外は、米空軍のジェット爆撃機開発に専念していた。冷戦

下の軍事開発で企業側の中核を務めたボーイングは、傑作戦略爆撃機B-52などの開発で大型ジェット機のノウハウを蓄積。このボーイングがジェット時代到来の兆しを見て民間市場復帰に動いたのが、歴史的名機ボーイング707の開発だった。

707の原点はモデル367-80、通称ダッシュ80（ダッシュ・エイティ）で、軍民両分野の成功を狙ったボーイングが巨額を投じて作った自社開発のコンセプト実証機だ。ジェット爆撃機開発の経験から、ジェット空中給油機の必要性を確信したボーイングは、コメットの顛末を見てこの新空中給油機の設計ならコメットに代わり民間航空界に革命を起こせると気がついた。ダッシュ80は1954年7月15日に初飛行に成功、一般公開では大観衆が固唾を飲んで見守る中、伝説の低空バレル・ロールで頭上をローパスし、業界招待客の度肝を抜いた。

この効果は絶大で、米空軍はいきなりKC-135ストラトタンカーの名で大量発注を決定、さらに民間型707ではいち早くジェット旅客機の革新性を見抜いたパンナムのトリップが1955年の公式発表直後に、707の胴体幅を広げダッシュ80の2-3アブレストから3-3アブレストに変更することを条件に20機の確定発注を約束するが、実はこの時トリップは3-3アブレストを提案するライバル機ダグラスDC-8の25機発注を既に決めていた。結果としてこの変更で707はその後の航空利用客急増に対応でき、また胴体設計が後に続くボーイング機の基本となったと考えれば、この設計変更は大正解だった。

こうして1967年12月20日、DC-8に先駆けて初飛行に成功し、現代ジェット旅客機の始祖となった707初の量産モデルが707-120である。全長44.2m、全幅39.9m、後退角35°の主翼に最新の軸流式ターボジェットエ

■ボーイング707

米国航空機メーカーの旅客機開発に大きな影響を与えたパンナム。ボーイング製ジェット旅客機の先駆けとなった707もパンナムがローンチカスタマーとなった。

Ryohei Tsugami

ダグラスDC-8 　707と熾烈な競争を展開したDC-8。当時はダグラス機を多用した日本航空も多数のDC-8を導入したことで知られる。胴体延長型など派生型も多く開発されている。

ンジンP&W JT3C四基をポッド式に搭載した707-120は、巡航高度12,800m、最高速度1,000km/h、航続距離9,260kmという、コメットを大きく超えた別次元の高性能を発揮した。最大乗客数も174名と従来の二倍近くで、型破りな707にボーイングが自信を見せたのも当然だった。

パンナムという米国フラッグキャリアをローンチカスタマーに、707は1958年10月26日ニューヨーク～パリ間の大西洋横断路線で華々しくデビューした。就航式典にはアイゼンハワー大統領も出席し、全世界が見守る中、パンナムの新フラッグシップ機707-120「クリッパーアメリカ号」は8時間41分という従来の半分以下の時間でパリに現れて世界を驚愕させた。

パンナムを追って世界中のフラッグキャリアが本機を採用して707はジェットエイジの嚆矢となり、商業成功を収めた初のジェット旅客機となった。激しい市場競争でエアラインの細かい要望に応えるべくバリエーション展開に努めたボーイングの努力が実り、1991年まで製造は続いた。稀に見る長寿機となった707は1,000機以上が製造され、時代を象徴する名機といえる。

この707と渡り合ったライバルのDC-8もまた劣らぬ名ジェット旅客機である。業界トップのダグラスが707に対抗して開発したDC-8は、名門ダグラスへの絶大な信頼もあり、業界は707とDC-8で真っ二つに割れた。パンナムが二社同時発注を発表した時には慌てたフラッグキャリア各社の中で、BOAC、エールフランス、ルフトハンザ、TWA、アメリカン航空、ブラニフなどがボーイングに走り、ユナイテッド航空、ナショナル航空、KLMオランダ航空、イースタン航空、日本航空、スカンジナビア航空、デルタ航空などがダグラスに走る結果となった。

DC-8の開発は1955年に始まった。707とほぼ同時だが、この時ボーイングには既にダッシュ80があったので、実際にはDC-8が後発である。しかし設計から試作なしに直接量産に入る米軍の最新開発手法「クック・クレイギー・プラン」を導入して707からの遅れを5か月まで圧縮し、1958年5月30日には初飛行に漕ぎつけた。最初の量産機は長距離国内線用のDC-8-10で全長45.9m、全幅42.6m。707と同じP&W JT3C四発を後退角30°の主翼にポッド式に搭載し、最大乗客数150以上、最高速度958km/h、航続距離約6,960kmで先行する707に迫った。

こうしてまず国内線に現れたDC-8は1959年9月18日、デルタ航空がニューヨーク～アトランタ間で運航を始めると、僅か数時間後にユナイテッド航空もサンフランシスコ～ニューヨーク間の大陸横断線で定期運航を開始し、ここからDC-8の快進撃が始まった。DC-4以来のダグラスユーザーだった日本航空も新フラッグシップ機として1960年に導入して以来、27年間で計60機を運航する大ユーザーとなった。そのためDC-8は日本でも人気で、端正でスマートな姿から「空の貴婦人」と呼ばれて親しまれた。

ところが1960年代に入り707に押されたDC-8は、売れ行きを極端に落とす。そこでダグラスはDC-8の胴体を一挙に11m延長して客席数を270席まで増やしたDC-8の第二世代、スーパー60シリーズを登場させた。

スーパー60はボーイング747が登場するまで世界最大の容量と長さを持つ旅客機として君臨し、DC-8人気を取り戻すことに成功した。こうして707と並び第一世代のジェット旅客機ブームを牽引したDC-8は、1972年に次の主力機となるDC-10にバトンを渡して生産を終了することになった。その総生産数は556機であった。

世界の空に君臨したジャンボジェット

さてこの頃、東側の民間航空事情はどうだったのだろうか。1956年、英国を訪れたフルシチョフはソ連製のジェット旅客機ツポレフTu-104で現れ、西側を驚かせた。鉄のカーテンの向こうから突如出現したソ連の実用ジェット技術は、西側諸国の目に大きな脅威と映った。

Tu-104は1956年からアエロフロート・ソビエト航空が運航を始めた世界で二番目の実用ジェット旅客機だ。乗客数は50、ミクーリン・ターボジェットエンジン二基で、巡航速度750km/h、航続距離2,650kmとスペック上はかなりの高性能だが、実は技術的に不完全で201機製造のうち37機が事故で失われた危険な機体である。しかし他に選択肢がない共産圏ではアエロフロート・ソビエト航空、チェコスロバキア航空、さらにソ連空軍やチェコ軍、モンゴル軍が導入するなど当時の共産圏のフラッグシップ機だった。

西側に話を戻すと、707とDC-8の第一世代ジェット旅客機が主要路線のジェット化を進めた結果、それがさらに地方路線へ浸透したのが60年代だった。活躍したのはボーイング727や737、ダグラスDC-9などの中・短距離ジェット旅客機で、これらの機種は華やかな国際線のスポットライトを浴びるより、勤勉なワークホース的存在として民間航空を変えた。第一世代の技術と運航ノウハウを中・短距離に落とし込み、より高い実用性と経済性を追求した小型ジェット旅客機は、航空の低コスト化と大衆化を進める原動力だった。そしてこの結果60年代後半には、より高い効率性と経済性を追求するワイドボディ機の時代が訪れる。

資料所蔵＝曽我誉旨生

｜ツポレフTu-104 1950年代に登場して共産圏ではポピュラーな機体となったTu-104。しかし、製造された201機のうち37機が事故で失われる安全性の低い機種だった。写真は1964年にモスクワ・シェレメチェボ空港で撮影されたもの。

　ワイドボディ機の原点でフラッグシップ機の中のフラッグシップ、ボーイング747が運航を始めたのは1970年だ。この巨人機の開発は「急増する利用客を効率よく運べる常識外れの大型機が欲しい」と言うパンナムのトリップに「ならばうちがそれを作りますよ」と返したボーイングのビル・アレン社長の口約束で始まった。

　実は当時の民間航空はスピードがすべての明るい未来像で染まっており、ヨーロッパでは仏英共同でコンコルドの開発が進み、エールフランスとBOACの二大フラッグキャリアが新時代のフラッグシップ機として運航することまで決まっていた。実際マッハ2.2の最高速と7,250kmの航続距離を誇り、本格商用運航を行った唯一の超音速旅客機であるコンコルドは、わずか12機の量産だったとはいえ、747が登場した時代の別の側面を象徴する、歴史的な機体だ。エールフランスとBOACにとっ

てはまさにスター級のフラッグシップ機だった。

　ところが当時の未来予想は完全に外れ、70年代に向けて経済効率と地球環境が世界の重要課題になると超音速機ブームは急速に萎んだ。代わりに急浮上したのが経済性と運航効率を現代のレベルに引き上げた、747に代表されるワイドボディ機だ。実はこの頃、ボーイング最大の民間機プロジェクトは政府の超音速旅客機開発で、ボーイングの先行投資は莫大だった。その計画が突然ひっくり返って窮地に陥ったボーイングがすがったのが、超音速機の脇役扱いだった747だったのである。

　いきなり主役にされた747の主任設計技師は、747の父ジョー・サッター。ボーイングジェット旅客機すべての開発に関わり旅客機を知り抜いた空力専門家で、彼の抜群の洞察力と統率力が前例の無い巨人機開発を見事に成功させた。

British Airways

▌コンコルド

1960年代、旅客機の未来はさらなる高速化にあると信じられていた。英仏共同で開発された超音速機コンコルドはエールフランスとBOACがフラッグシップとして導入したものの、石油価格高騰や騒音問題などが逆風となり、オペレーターは拡大しなかった。

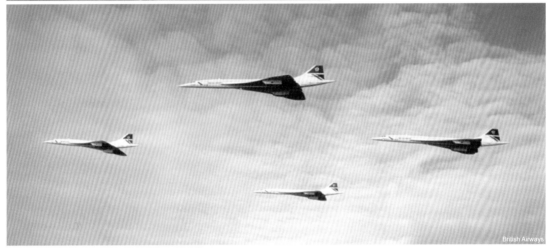

British Airways

▌ボーイング747

「フラッグシップ中のフラッグシップ」と言えるほどの地位を確立した747ジャンボジェット。この機種の開発にもパンナムが大きな影響を与えた。超音速機が急速に魅力を失う一方で、時代は747が牽引する形で大量輸送時代へと向かう。

Ryohei Tsugami

ダグラスDC-10とロッキードL-1011 主に中距離路線や国内線をターゲットに開発された三発機のDC-10（手前）とトライスター（奥）。ジャンボの影に隠れがちだったが、やがて双発機の時代を迎えると急速に退役が進んだ。

トリップが与えた期限ぎりぎりの1969年末、パンナムに引き渡された最初の量産型747-100は、二階建ての機首部を持つ全長70.6m、全幅59.6m、胴体幅6.49mの巨体に707の二倍以上の2クラス452名の乗客を乗せることができ、747専用のP&W JT9D高バイパス比ターボファン四発で最高速度約970km/h、航続距離9,800kmの性能を発揮する、空前絶後の巨人機だった。

常識外れの大きさに業界はパンナムとボーイングの正気を疑ったが、1970年1月21日にパンナムのニューヨーク～ロンドン線でデビューした747は、経済性という最大の武器を明らかにする。そしてエアラインは、航空利用客が爆発的に増えた当時の市場こそが、この武器を生かす場であることを理解し始めた。こうして急激にフラッグキャリアに広まった747は、フラッグシップ機の頂点として世界の空に君臨した。「ジャンボジェット」の愛称で親

しまれ、1,574機が製造された747は今も旅客機のアイコンである。

双発ワイドボディ機時代の到来

747が登場すると、後を追って同じような幅広胴体を持った三発大型旅客機、ダグラスDC-10とロッキードL-1011トライスターが登場した。終生のライバルとなった二機種はいずれも従来にない広胴と輸送力を持ち、747と合わせてこれらを第一世代ワイドボディ機と呼ぶ。747はパンナムの依頼で開発された国際線中心の四発長距離機だが、DC-10とトライスターは米国国内線需要から生まれた三発中距離機だった。

747は長らく超大型長距離機として唯一無二でA380の登場まで対抗機種が無かったが、始めから競合したDC-10とトライスター

では、トライスターの開発遅れが後々に大きく響いた。

DC-10は名機DC-8の後継として、ワイドボディコンセプトで冒険をした分技術は手堅く纏めていて、主に長距離国内線で良好なセールスを上げて活躍したが、トライスターは開発遅れが祟ってDC-10の後塵を浴び、さらにオイルショックの燃油高騰で経済性が問題となって、双発のA300に逆転されてしまった。話題性の高かった三発ワイドボディ機だったが、最後は追い込まれたロッキードが各国で贈収賄事件を起こすという後味の悪い終わり方で、これ以降は活躍の場がなかった。

この時代、747と並ぶ真のフラッグシップ機は、第一世代ワイドボディ機の最後の伏兵で、登場時は誰も相手にしなかった新興エアバスのA300だろう。A300はヨーロッパ市場の席捲を狙った米国のワイドボディ機に対抗し、ヨーロッパ航空界の復権を目指す

仏独両政府が立ち上げた国際共同開発機だが、米国目線で作られたDC-10やトライスターに対し、ヨーロッパに最適化した輸送力と柔軟性、経済性重視の独創的な旅客機だった。双発ワイドボディという形態は誰も試しておらず、この判断が70年代の時代の変化にピタリと嵌まった。

A300はトライスターよりもさらに後のデビューで、しかも全く実績のないヨーロッパの新興メーカーの第一作目ということで誰にも相手にされず、デビューから数年間はまったく売れなかった。ところが最初のオイルショックの大波が過ぎた頃から燃油費高騰への対応がエアラインの最重要課題となって、三発ワイドボディ機より経済性で断然優れる双発のA300が注目されることとなり、いつの間にかベストセラー機としてフラッグシップ機の座についた。ヨーロッパ域内の長距離路線、北米の大陸横断路線で大活躍し、今日の双発ワイドボディ

▌エアバスA300

米国メーカーに対抗するためヨーロッパのメーカーが結集して設立されたエアバス・インダストリーが開発した最初の機種がA300。当初は全く売れなかったが、経済性の高さが認められるようになるとセールスを急速に伸ばした。日本では東亜国内航空（現JAL）が導入した。

Ryohei Tsugami

Charlie FURUSHO

▌ボーイング777 日本の航空機メーカーが製造に参画した777。ローンチカスタマーグループの一員としてANAなども開発に関与している。当初は747の補完的な役割だったが、777-200ER/-300ERの登場により長距離国際線にも進出、双発機時代を切り拓くことになった。

機全盛時代を拓いた名機だ。

エアバスは苦労して開発したA300をとことん活用し、優れた基本設計と汎用性をその後のA310、A330、A340の設計の土台とした。A300とA310は双発ワイドボディ機の可能性を押し広げてワイドボディ機ユーザーの囲い込みを行い、これに対抗してボーイングが初の双発ワイドボディ機767を登場させると、ハイテク機767とA310の二機種の実績で双発ワイドボディ機の可能性が長距離国際線進出まで広がっていった。この勢いに乗って1994年に登場したのが大型双発ワイドボディ機の777である。

ワーキングトゥゲザーのスローガンで世界中を巻き込んだ共同開発から生まれ、誕生から世界のエアラインのフラッグシップ機の座を約束されていた777は、登場から30年を経た今もその座をしっかりと守り、かたやボーイングの未来を担う次世代ハイテク機として2011年にデビューした中型双発ワイドボディ機787が、今もその技術先進性で777と並ぶボーイングの二枚看板を務めている。777と

787のシームレスなセグメント展開は、現在のボーイングの基盤だ。

一方でエアバスは、世界一のベストセラーとなったハイテク小型旅客機A320と、747以上の巨人機A380という振幅の大きい開発の流れから、A300の流れに代わる、次世代に向けた大型双発ワイドボディ機を登場させた。2013年に登場したA350XWBは、787以上のハイテク機として市場の期待を受けて登場し、各国フラッグキャリアのフラッグシップ機、そしてエアバス自身のフラッグシップ機に成長した。

こうしてフラッグシップ機の変遷を辿ると、どの機体も深い洞察力で見通した時代の変化への備えと順応性、そして時代の変化に色褪せない強い個性を最初の設計の中に持っていたことがわかる。最新のフラッグシップ機であるA350XWBや777、787もそんなフラッグシップ機の遺伝子を持つ息の長い機種となるだろう。これら三機種の進化の方向性、そしてその先に登場する次世代フラッグシップ機を想像するのも楽しいではないか。

Tokio Sato

┃ボーイング787　その汎用性と性能の高さによってベストセラー機となった787。ANAが世界初のオペレーターとなった。中型機ではあるものの、多くのエアラインにとってフラッグシップといってもいいほどの存在感を示している。

┃エアバスA350XWB　A330の改良型として開発が始まったものの、顧客の支持を得られず新設計機として再スタートしたのがA350XWB。結果的にはこれが吉と出て、当初のライバルと目された787だけでなく、より大型の777にも対抗しうる機種となってセールスを伸ばすことになった。

Airbus

長距離路線における運航ルール「ETOPS」とは何か？

経済性に優る双発ワイドボディ機は、
かつて長距離国際線の主役であった四発機や三発機を市場から駆逐した。
そして、その背景には「ETOPS」の延長がある。
そもそも双発機の運航制限を定めた「ETOPS」とはどのようなルールなのだろうか。

写真と文＝阿施光南

A300が切り拓いた双発機躍進の可能性

　現代の旅客機はほとんどが双発機だ。21世紀に入ってからもA380のような四発旅客機は作られたが、その背景には旅客機は離陸中にエンジンが1つ故障しても安全に飛べなくてはならないというルールの存在がある。つまり双発旅客機は、機種を問わずたった1つのエンジンでも離陸できるように作られている。しかし巨大なA380を1基だけで飛ばせるほど強力なエンジンはないから、4基のエンジンを装備した。ちなみに単発旅客機がないのも、たった1つのエンジンが停まったら離陸できないからだ。

　双発機は大パワーが必要な離陸時でも1つのエンジンで飛べるくらいだから、巡航中の片発停止はそれほど深刻ではない。とはいえ残る1つが停まったら飛び続けることができないから、できるだけ早く着陸しなくてはならない。そこで双発旅客機には片発で60分以内に着陸できる空港があるところしか飛ぶことができないというルールが定められた。

　たとえば出発地と目的地が片発での飛行時間にして110分の距離ならば、途中のどこでエンジンが故障しても60分以内にどちらかの空港に着けるから問題はない。しかし150分の距離ならば、途中に緊急用の着陸地（代替空港＝オルタネート）を確保しなくてはならない。距離が長くなれば、さらに多くのオルタネートを確保し、それぞれの空港から片発60分で飛べる範囲の円がつながるようにルートを設定する必要がある。

　だが長い洋上のように途中にオルタネートを確保できない場合もあるし、オルタネートを結んでいったのでは大きく遠回りになってしまうこともあるだろう。だからそうした路線には、三発機や四発機が必要とされた。

　ただし、三発機や四発機は双発機よりも経済性が低い。かつてアメリカで最初にA300（双発）を導入したイースタン航空では、それまで運航していたトライスター（三発）と比べて消費燃料が約3分の2になったという。エンジンの数が3分の2だから当然ともいえるが、座席数は一割程度少なくなっただけだから1席あたりのコストは大幅に低くなった。

しかもエンジンが少ないほど、整備や予備部品のコストも低くなる。そして双発機だからといって、その信頼性は三発機や四発機に劣ることはなかった。イースタン航空は当時アメリカでも屈指の航空会社だったから、他の航空会社への影響も大きかった。それから世界が、双発ワイドボディ旅客機に注目するようになったのである。

飛行時間が徐々に延長 最新鋭機では370分に

双発機の経済性は高い。ならばもっと多くの路線、たとえば長距離路線にも使いたい。しかしA300（1970年代を通して世界で唯一の双発ワイドボディ機）には、それほどの航続距離はなかった。どうせ双発機では長距離運航は認められないのだから、短・中距離路線専用と割り切って作られていたからである。

だが1980年代に入ると、A300の2〜3倍以上の航続距離を持つA310や767が相次いで作られた。もはや性能的には、ドル箱の大西洋横断路線も十分に運航可能だ。ただし大西洋横断路線では60分で届くオ

ルタネートを確保できない。そこで航空会社やメーカーなどの熱心な働きかけによって、FAA（米連邦航空局）やJAA（欧州統合航空局。現在はEASA＝欧州航空安全機関に移行）は必要な条件を満たした場合に限り双発機の長距離運航制限を緩和することにした。これをETOPS（イートップスと読む）といい、その後ろに付加する数字が新たに認められた片発での飛行時間となる。たとえばETOPS-120ならば片発で120分まで飛べるということだ。

ただしETOPSが認められるためには、いくつかの条件がある。まずは機体とエンジンが、それぞれETOPSが可能となるのに十分な信頼性を備えて設計・製造される必要がある。また通常運航よりも厳しい検査や整備などが必要で、さらにはフライトプランを作成するディスパッチャー（運航管理者）やパイロットもETOPSの訓練を受けなくてはならない。たとえばETOPSが可能とされた飛行機であっても、ETOPSの訓練を受けていないパイロットが乗務する場合にはETOPS運航はできないわけだ。

■ ETOPSの概念図

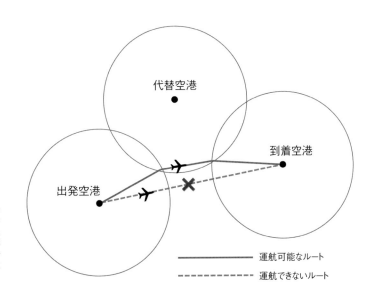

双発機は片発で飛べる時間が決められており、空港を中心にその半径の円がつながったルートしか飛べない。通常は半径60分の円だが、ETOPSを適用するとその円の直径を拡大できる。それでもつながらない場合には途中に代替空港を設定する。

代替空港

到着空港

出発空港

――― 運航可能なルート

- - - - 運航できないルート

（悪天候）
代替空港A
●

到着空港

出発空港

代替空港B

――――――― 運航可能なルート
- - - - - - - - - - 運航できないルート

ETOPSでは途中の代替空港がすべて利用できる状態でない
と運航できない。もし悪天候などで代替空港（A）が閉鎖され
ている場合には、別の代替空港（B）を設定して円をつないでや
らなくてはならず、それもできない場合には出発できない。

　また新型機の場合には、まずETOPSが可能な信頼性を備えているかといったことも証明しなくてはならない。そのため世界で最初にETOPS-120が認められた767は、それま

長時間の洋上飛行などを伴う長距離国際線の場合、ETOPS承認を受けた機材でなければ就航できない。信頼性が向上した777や787、A350など現代の双発機は片発飛行できる時間も延長されており、ほとんどの路線に投入することができるようになった。

でにしばらく運航実績を重ねる必要があった。それ以降に作られた777では、型式証明を取得するための試験でETOPSに関わる信頼性も実証することにしたため、最初からETOPS運航を行うことが認められている。以後の787やA350も同様である。

　また機体の信頼性が高まるにつれて、ETOPSで片発運航できる時間も伸ばされている。ETOPS-120は1985年に認められたが、1989年にはETOPS-180、そして1999年にはETOPS-207まで認められ、現在はA350-900がETOPS-370まで認められている。こうなると、もはや双発機で運航できない路線はないといっても過言ではない。

　ただしETOPSの時間が長くなるほど高水準な整備などが求められるため、非ETOPS機よりは運航コストは高くなる。そのため航空会社は同じ機種であっても、長距離運航の必要な機体だけETOPS機として承認を受けることもある。こうした機体の機首やノーズギアのドアなどには、「ETOPS」と記入されているのを見ることができるはずだ。

整備などで通常の機体に比べて厳しい要件が課されているETOPS機は、機種ごとではなく個別の機体ごとに承認される。そのため、ETOPS機には機首部などに「ETOPS」の文字が表記されていることが多い。写真はANAの767-300ER。

当初は双発機を前提としたETOPSだったが、現在は三発機以上にも対象を拡大。ICAOは類似の概念を「EDTO」と呼んでおり、機体にこれを表記する航空会社も存在する。写真はチェジュ航空の737-800。

時代とともに変化する
ETOPSのルールや概念

ETOPSによって、双発機でも三発機以上の旅客機と同じような長距離運航ができるようになった。だがETOPSならではの制約もある。たとえばETOPSでは、飛行中に片発になったならば所定の時間内にオルタネートに着陸できなくてはならない。だからフライトプランを作る段階では出発空港と到着空港の天候だけでなく、途中に設定したオルタネートすべての天候などが問題なければ出発できない。こうした途中空港の天候は、四発機などの運航ではあまり気にする必要がなかったものだ。

また飛行中であっても、こうしたオルタネートの天候の変化には注意を払い続ける必要がある。もしも天候が悪化してオルタネートが利用できなくなったら、ETOPSは成立しなくなるからだ。こうしたことを防ぐために、オルタネートはできるだけ多重に準備して1つの空港が駄目になっても他の空港でカバーできるようにするのが普通だ。とはいえ、いつもそう都合よくオルタネートが確保できるわけではない。これも四発機の運航ではあまり気にすることの

なかったことだ。

ちなみにETOPSのルールは、片発で許容できる飛行時間だけでなく、時代とともに変化している。もともとETOPSという言葉は「Extended-range Twin-engine Operations Performance Standards（双発機による延長長距離運航）」を意味したが、そこで求められる信頼性や安全性などの概念が新たに製造される三発以上の旅客機にも拡大されることになった。これをEASAはLROPS（Long Range OPerationS＝長距離運航）と呼び、FAAは引き続きETOPSと呼んでいるものの、その意味を「ExTended OPerationS」に変更した。さらに現在はICAO（国際民間航空機関）が類似の新概念であるEDTO（Extended Diversion Time Operations）を提唱し、すでにいくつかの航空会社が機体に「EDTO」と書いているのを見ることができる。とはいえLROPSという言葉はほとんど普及せず、EDTOについてもETOPSという呼称も引き続き認められている（そもそも語呂がいい）。ただ、その意味するものがより広範囲になっているということくらいを認識しておけばいいだろう。

777と787、A350とA330
限定資格共通化というメリット

複数の機種を運用することは、さまざまな路線需要に対応する上で航空会社に柔軟性を与える。
しかし、旅客機の操縦には機種ごとの限定資格が必要となることから、
機種が多くなるほどパイロットも増えることになり、航空会社の負担が大きくなるという問題がある。
そこで近年の旅客機開発において重視されているのが、
異なる機種でも共通の資格が認められるコクピットや操縦システムである。
そうした共通の資格を認められているのが777と787、A350とA330である。

文= 阿施光南

航空会社の負担が大きい
機種ごとの限定資格

旅客機を操縦するには機種ごとの限定資格（タイプ・レーティング）が必要となる。旅客機は大きさや形によって操縦感覚も違うしコクピットの計器やスイッチの配置、操作手順もまちまちだからだ。

ただし限定資格を取るためには数か月もの訓練が必要になるから、航空会社には大きな負担となる。その負担は、訓練にかかる直接費用だけではない。訓練中のパイロットは営業フライトに乗務することができないから、それを補えるだけの人数のパイロットをあらかじめ確保しておかなくてはならない。しかし操縦資格が共通ならば、そうした訓練も必要な

くなるか、きわめて短期間ですませられる。

　またメーカーにしてみると、新型機の操縦資格を旧型機と共通化して航空会社の負担を小さくすれば、販売面でも有利になる。とはいえ同じシリーズであっても、コクピットを変更すれば共通資格が認められないこともある。かといって古いままでは技術の進歩を反映できずに競争力を失ってしまう。たとえば737にはオリジナル、クラシック、NG、そしてMAXという四つの世代があるが、モデルチェンジのたびに「同じように操縦できる」と認められる範囲を慎重に探ってきた。

　1967年に登場した737オリジナルは完全なアナログコクピットだった。しかし737クラシックが登場した1984年には、すでにシステムをデジタル化した767やA310が登場しており、古いシステムのままではいずれ新型機に太刀打ちできなくなるのは明らかだった。そこで737クラシックはアナログだったADI（姿勢方向指示器）とHSI（水平状況指示器）、そしてエンジン計器のみをデジタル化しつつ、表示はアナログ計器に似せてパイロットに馴染みやすいようにした。新しさは採り入れながらも「このくらいの違いならば同じと認めてくれるだろう」というぎりぎりを狙ったのである。

　しかし第三世代の737NGが登場した1990年代には、新型機はすべて完全なグラスコクピットになっていた。もちろんライバルのA320も完全なグラスコクピットだ。そこでボーイングは737にも777と類似のグラスコクピットを装備することにしたが、そのままでは共通資格が認められない可能性があったため、電子ディスプレイに機械式計器をそのまま再現するような表示方法も用意された。ただし、これ以降は表示方法については寛容になり、2016年に登場した737MAXは787と類似の大型ディスプレイに変更している。

Tokio Sato

■ ボーイング737NG

3世代目の737となる737NGのコクピット。グラス化されたコクピットの見た目は777のそれに近い印象だが、在来型737との資格の共通性を維持するため、ディスプレイに機械式計器を表示できるようなシステムも組み込まれた。

Konan Ase

■ ボーイング767

767のコクピット。767はセミワイドボディ機だが、同じコクピットを持つナローボディ機の757と姉妹機で、操縦資格も共通化されていた点が画期的だった。

共通化が進められてきた
旅客機の型式別操縦資格

　737のように同シリーズでも共通資格を認めてもらうには苦労があるが、違う機種でも共通資格が認められることもある。その最初の試みは757と767で、これは同規模の機体（ただし胴体の太さが異なる）に同じコクピットを組み込むことで共通資格が認められた。

　一方でエアバスは、大きさもエンジン数も違う機種に同じコクピットを組み込んだ。す

■ ボーイング787

Akira Fukazawa

■ ボーイング777

Akira Fukazawa

787のコクピット（上）と777のコクピット（下）。ディスプレイ画面のサイズや配置が異なるなど見た目の印象は異なるが、基本的な機能や操作方法の共通性が高いことから限定資格の共通化も認められている。

なわち小型双発のA320のコクピットを中型双発のA330と中型四発のA340に流用し、操作手順も同じにした。たとえばそれまでの旅客機はエンジンスタートの手順もバラバラだったが、A320は自動化が進んでいるので簡単なスイッチ操作だけでエンジンをスタートできる。A330やA340は異なるエンジンを装備しているが、エンジンごとの違いはコンピューターが判断して実行するので、パイロットはやはり簡単な共通操作を実行するだけでいい。

　もちろん機体規模やエンジン数が違うので共通資格は認められないが、一度エアバス機の資格を取ってしまえば、操作方法が共通の他のエアバス機の資格はごく短期間の訓練で取ることができる。これをCCQ（Cross-Crew-Qualification。相互乗員資格）というが、それは後に登場したコクピットレイアウトの異なるエアバス機にも適用されている。

　さらに、違うコクピットを持つ異なる機種でも共通資格が認められたのが777と787、そしてA330とA350だ。これらもコクピットレイアウトは異なっているが、やはり手順を共通化している。しかも機体規模がほぼ同じなので、「同じように操縦できる」と認められたのである。

　とはいえ共通資格だからといって、どちらの旅客機も自由に操縦できるわけではない。たとえば787には正面スクリーンに飛行データを投影するHUD（ヘッド・アップ・ディスプレイ）が標準装備されているが、777にはない。だから777の資格を持つパイロットが787に乗務するためには、そうした差異を中心に訓練を行う必要があった。そして787の資格を取ったならば、原則として777に乗務することはできなくなった。787の資格を取ったからといって777の資格が無効になるわけではないが、こうして同時期に乗務できる機種を限定することでヒューマンエラーを防ぐのが目的であり、再び777に乗務するためには再度777への復帰訓練が必要とされた。

　ただし海外では、国によってMFF（Mixed Fleet Flying。同時定期運航乗務）といって、きわめて類似した型式については同時期に乗務することが認められていた。そして日本でも、2019年4月の航空法施行規則（通達）が改正されて、2機種までならば同時期に乗務することが可能になったのである。

異なる2機種に乗務可能なMFF
乗員と航空会社の双方にメリット

　これを受けて、まずはJALが777と787のMFFを開始し、ANAもそれに続いた。さらにANAはA320とA380についてもMFFを開始したが、機体規模がまったく異なるA320

とA380のMFFが認められたのは世界で初めてである。

MFF乗員には、機長としての経験に加えて両機種の資格を維持するための訓練を行い、どちらかの機種で審査不合格となった場合は両機種とも乗務できなくなるといった厳しさもある。一方で、パイロットとしての経験をバランスよく積んでいくことができるということや、航空会社もパイロットを柔軟かつ効率的に配置できるようになるといったメリットがある。

たとえばANAのA380はホノルル線のみに投入されており、パイロットは多彩な経験を積むことがむずかしい。またJALも2019年までは787を国際線のみに投入していたため、国内線のように多くの着陸を経験することができなかった。しかし国内線でも飛んでいるA320や777と同時に乗務できるようになれば、飛行時間と着陸回数、そして多彩な路線や空港での経験をバランスよく積むことができるようになる。

またJALは主力機を777からA350に移行中であり、777は順次その数を減らしていく。従来は機数の削減にともなって厳密に乗員の機種移行を進める必要があったが、MFFを活用すればある程度の柔軟性を持って移行を進めていくことができるのである。

エアバスのCCQ（相互乗員資格）における移行訓練日数の例

移行機種	訓練日数
A340→A330	2日
A330→A340	3日
A380→A350	5日
A320→A330/A340	7日
A320→A350	11日
A320→A380	15日

日本で認められているMFF（同時定期運航乗務）の機種と実施例

機種	実施航空会社
777と787	JAL、ANA
A320とA380	ANA

■ エアバスA320

■ エアバスA330

■ エアバスA350

A320（上）、A330（中）、A350のコクピット（下）。A320はナローボディ機、A330はワイドボディ機だが、コクピットは一見しただけでは違いに気づかないほどよく似ている。A350はディスプレイが大型化するなど進化しているが、操縦システムは高い共通性を保っている。

フラッグシップ外伝

ボーイング777 & エアバスA350

世界各国のエアラインでフラッグシップとして活躍するボーイング777とエアバスA350。
ともにベストセラー機で数が多いだけに、例えば政府専用機や技術実証試験機など、
エアライン以外でも運用される例が増えてきている。
両機種にまつわる気になる話題を集めてみた。

文=AKI

Boeing

Airbus

最新技術の開発に貢献する
エコデモンストレーター

エコデモンストレーターとして運用されているN772ETは元中国国際航空の777-200。さまざまな飛行実証試験に使用されている。

　エコデモンストレーターは、2012年にボーイングが立ち上げた飛行試験研究プログラムのこと。ボーイングは必ずしも特定のエコデモンストレーター機を自社で保有して飛行試験を行っているのではなく、エアラインの機体やデリバリー前の機体をエコデモンストレーターとして活用している。これまでに9機がエコデモンストレーター向けに使われており、機種別にみると777が3機、787と737がそれぞれ2機、757とエンブラエル170がそれぞれ1機となっている。つまり、これまでエコデモンストレーターとして最も多く使われている機種が777なのだ。

　777として最初にエコデモンストレーターとなったのは2017年にFedExへデリバリーされた登録記号N878FDの777F。2018年にボーイングは同機をエコデモンストレーターとして使用した。エコデモンストレーター機は、様々な技術に関する飛行試験を同時に実施しており、N878FDでもAFIRS（Automated Flight Information Reporting System＝自動飛行情報報告システム）やコンパクトなスラストリバーサー、先進素材など35以上

の技術について試験が実施された。特に注目されたのは、GE90エンジンを供給しているゼネラル・エレクトリック（GE）とボーイングが共同で実施した、民間旅客（貨物）機初の100％SAFによる飛行試験だ。このとき使われたSAFは、現在最も多く使われている廃食油や植物油を原料とする水素化植物油（HEFA）で、テキサス州のEPICフュエルが供給した。

　2機目の777エコデモンストレーターは、2001年6月に中国国際航空へデリバリーされたB-2068で、2018年夏から北京首都空港にストアされていた機体。この777をボーイングが2018年末に取得して2019年にエコデモンストレーター機（N772ET）とし、53もの技術を対象に飛行試験が行われた。具体的には形状記憶合金、次世代通信技術を適用したEFB（電子フライトバック）、紫外線で自動殺菌する自己洗浄化粧室などの飛行検証が行われた。

　そして、最新のエコデモンストレーター機が2022年1月にボーイングが取得した777-200ER（N861BC）。2002年秋にシンガポー

ル航空へデリバリーされた777（9V-SVL）で、2021年初めまでスリナム航空にリースされていた機体だ。2022年から2024年にかけてエコデモンストレーター機として運用される計画で、SAFの飛行試験や100％SAFに適用できる光ファイバー燃料計センサーの研究、40％のリサイクル炭素繊維と60％のバイオベース樹脂から作られた貨物室向けウォールパネル等の飛行試験に供されている。このように、777はデモンストレーターとして最新技術の開発にも貢献しているのである。

文字通りの「空飛ぶ豪華客船」惜しくもドバイのVIP機へ転身

Aki archive

「空飛ぶ豪華客船」として活躍が期待された「クリスタルスカイ」の777-200LRだったが、短期間の運航の後、ドバイへ売却されてしまった。

豪華客船によるクルーズは、誰もが憧れる旅の姿だろう。そんな旅を提供している会社の一つにクリスタル・クルーズがある。元々は1988年に日本郵船が設立したクルーズ会社だったが、2015年に香港のクルーズ/リゾート企業のゲンティン香港（Genting Hong Kong）に売却され、2022年からはイタリアの大富豪等が保有するA&Kトラベルグループ傘下の企業となっている。

そんなクリスタル・クルーズは、ゲンティン香港時代に豪華客船と同じサービスを空でも実現しようと、2015年にプライベート/ビジネスジェットを運航するクリスタル・ラグジュアリー・エアを設立、12名の乗客が搭乗できる

ボンバルディア・グローバル・エクスプレスの運航を開始した。しかし、ビジネスジェットとしては最高位のウルトラロングレンジ機でも、搭乗者数12名では空の豪華クルーズというにはちょっと物足りない。そこで2017年に登場したのが、「クリスタルスカイ（Crystal Skye）」と名付けられたボーイング777-200LRだ。

3クラスで約300席、最大で440席が標準的な座席数の777-200LRだが、「クリスタルスカイ」は豪華客船のクルーズをイメージしただけに、座席数がわずかに88席。機内にはバーやラウンジがあり、座席はファーストクラス並みのゆったりとした仕様となった。そん

な豪華な777で、世界中を旅しようというのが「クリスタルスカイ」のコンセプトだ。

いわば世界初の「空飛ぶクルーズ船」となった「クリスタルスカイ」は、2011年夏にフランス領レユニオンのオーストラル航空へデリバリーされた機体で、2015年秋にスイス・チューリッヒに本社を置くコムラックスの子会社でVIP機の運航などを手掛けるコムラックス・アルバの登録となった（P4-XTL）。「クリスタルスカイ」の運航を担当していたのはコムラックス・アルバというわけだ。運航先は世界中に広がり、北米、欧州はもとより、インド、オーストラリア、中国、そして日本（羽田空港、中部国際空港等）にも飛来したことがある。

ついに空飛ぶクルーズ船の時代到来かと思いきや、残念ながら「クリスタルスカイ」の運航は長続きしなかった。おそらく新型コロナの影響もあったのだろうが、2022年にアラブ首長国連邦のロイヤルファミリー向けフライトなどを運航するドバイ・ロイヤル・エア・ウィングに売却されたのである。豪華な「クリスタルスカイ」にとってはぴったりの転身先ともいえるが、2023年春からVIP機の改修会社があることで知られるバーゼルにストアされている。近いうちに、ドバイ・ロイヤル・エア・ウィングのVIP機として活躍をはじめることだろう。

■ウクライナ侵攻が長期化 どうなる? ロシアの777

ボーイング777シリーズはロシアでも国内線と国際線で大活躍している。この国で777を運航したことのあるエアラインは、フラッグキャリアのアエロフロートやアエロフロート・グループ傘下のロシア航空、ノルドウィンド、イカル、アズール・エア、レッドウィングス、VIMエアライン、ロイヤル・フライト、そして、トランスアエロの9社にのぼる。このうち最も多く777シリーズを運航しているのはアエロフロートの24機で、これにトランスアエロ、VIMエアラインズがそれぞれ14機、ロシア航空が12機と続く。もっとも、トランスアエロは2015年10月に運航を停止しているため、2019年3月までに全機が登録抹消された。また、VIMエアラインズも2017年10月に運航を停止したので、計28機の777シリーズは他のロシアのエアラインで運航されるか、ロシア国外のオペレーターにリースされている。いずれにしろ、ロシアではこれまで70

Charlie FURUSHO

コロナ前までは日本路線にも就航していたアエロフロートの777-300ER。

ロシア航空の777-300ER。ロシアは他にも777オペレーターが複数社存在する。

機以上の777シリーズが導入（多くがリース）されたわけだ。

こうしてロシアで大勢力となった777シリーズだが、その状況は2022年2月24日に始まったロシアのウクライナ侵攻で一変した。西側諸国を中心にロシアへの制裁が続き、当然のことながらロシア側はボーイング機に対するサポートなどを受けられなくなった。エアラインにとって、プロダクトサポートやMRO（メンテナンス・リペア・オーバーホール）等のサポートを受けられなくなることは致命的だ。決められた飛行時間内に交換の必要がある部品の多いエンジンは特に問題で、なによりもエアラインにとって最も重要な安全運航が危うくなる。

しかし、ロシアではさらに厄介な問題が生じることになった。それは777シリーズを含む西側機材のほとんどがリース機だったことだ。対ロシア制裁に伴い、リース会社としては機体を取り戻したいところだが、ロシア側もそう簡単に機体を手放すわけがない。完全な契約違反ながら、リース機をロシアにとどめて一部を部品取り機としたほか、西側以外の国から部品を入手することで777シリーズの運航継続を目論んだのである。

ロシアで飛んでいた777は英領バミューダ籍の機体が多かったのだが、バミューダの航空当局が同国登録ロシア機の耐空証明を停止したのに対してロシアは航空法を改正、ロシア国内で耐空証明が取得できるようにした。さらにプーチン大統領が10億ドル相当の外国商用機を押収する法律に署名、2022年春にそれまでバミューダ登録だった機体をロシア登録に変更してしまったのだ。なんという強引さであろう。

結果として、モーリシャスのリース会社など複数の企業がリース機を取り戻すことができなくなった。なかにはロシア側がリース機を購入した例もあり、まだまだ多くのリース機がロシアの空などを飛び続けている。一方で、大手のエアキャップやエビエーション・キャピタル、三菱商事と長江実業の合弁会社であるAMCKエビエーション、ドバイのDAEキャピタルなどではリース機を取り戻しているケースもみられる。

2024年初頭の段階で、ロシアのエアラインに登録されている777シリーズは、アエロフロートの777-300ERが22機、ロシア航空の777-300が10機、ノルドウィンドの5機（777-200が3機、777-300ERが2機）、レッドウィングスの777-200ERが3機、イカルの777-200が1機、アズール・エアの777-300ERが1機の計42機。ロシアで飛んでいた777シリーズのうち、半分以上はまだロシアに留まっている状況だ。

航空市場拡大続く大国インド
意外なほど少ない777の活躍

　2023年4月末、ついにインドは人口で中国を追い越し、世界一となった。インドの総人口は14億2577万人とみられ、世界人口の約17%を占めるという。こうなるとボーイングやエアバス、エンブラエルがインド市場に注力するのは当然のこと。2023年6月にはタタ・グループ傘下となったフラッグキャリアのエアインディアが、なんと一度に440機ものボーイング機とエアバス機を発注して世界を驚かせた。2024年初めの時点でJALグループの登録機数は213機、ANAグループが285機だから、2社合計の運航機数がエアインディアの発注機数とさほど変わらないわけだ。また、インド最大のエアラインであるインディゴには現在355機が登録されている。

　となるとインドの777シリーズにも注目したくなるが、意外にも同国に登録されている777シリーズはわずか27機に過ぎない。近頃では日本で目にする機会もすっかり減っているが、その中で日本にたびたび飛来しているのが2機のインド政府専用機（777-300ER。K7066とK7067）だ。この2機は「エアインディア・ワン」と呼ばれ、特別機として羽田や関空のほか、広島にも飛来実績がある。利用できるのは大統領、副大統領、首相に限られ、誰が搭乗しているかによってコールサインも「VIP-1」「VIP-2」「VIP-3」と変わってくる。

　ちなみにこの2機はもともとエアインディアが運航する純民間機だったが、政府専用機となったことで装備が一変した。まずはミサイル対策として大型機向けの赤外線妨害装置（LAIRCM：Large Aircraft Infrared Countermeasures）とアメリカの「エアフォースワン」VC-25Aにも装備されている自己防護スイート（SPS:Self-Protection Suites）を装備、さらに暗号化された衛星通信やEMP（電磁パルス）対策の電磁シールドなどを有し、ワイヤリングの長さは通常の777の倍にもなる。運航はインド空軍が担っている。

　一方、民間エアラインではエアインディアに23機の777シリーズが登録されており、さらに10機の777Xを発注中だ。この他、過去に使われいてた11機の退役機がある。また、インディゴも2023年5月から6月にかけて2機の777-300ERをターキッシュエアラインズからリースした。この2機はエアキャップがロシア

Charlie FURUSHO

日本にもたびたび飛来しているインド政府専用機の777-300ER。2023年のG7広島サミット時にも飛来した。

Aki archive

経営破綻により運航を停止したジェット・エアウェイズの777–300ER。同社は再建を目指していることから、777の動向にも注目。

のエア・アズールにリースしていた機体とリース予定だった機体で、結果的にはロシアのウクライナ侵攻がインド最大のエアラインに777をもたらすことにつながった。

ところでインドにはもう2機の777-300ERが登録されている。2019年春に運航を停止し

たジェット・エアウェイズの機体だ。2020年から再建に取り組んできたジェット・エアウェイズの状況は依然として厳しいが、2024年の運航再開を目指しており、2024年初めの段階で2機が登録されている777-300ERの今後にも注目だ。

特殊フィルムで空気抵抗減「サメ皮」をまとった777

2022年10月、ANAは特別塗装機「ANA Green Jet」を発表。現在、2機の787と1機のQ400の計3機が飛んでいる。「ANA Green Jet」にはニコンが独自開発し、空気抵抗を減らすことで燃費向上とCO$_2$削減が期待されるリブレット加工フィルムが装着されており、耐久性等の評価が行われている。JALもJAXA、オーウェル、ニコンと塗膜上にリブレットを形成したものを737NGに適用し、世界初の飛行試験を行うと2023年11月に発表している。

このリブレットとは、サメが表面の肌形状で水の抵抗を抑えていることに着目して開発されたバイオミメティクス（生物模倣）技術のことで、レース用ヨットに適用されて注目された。これまでに複数のエアラインで試験飛行が行われてきたが、大型機の777にリブレットを適用する例はなかった。しかし、2022年12月、

ルフトハンザ・テクニックがBASFと共同開発したリブレットフィルムをスイス インターナショナル エアラインズ（SWISS）の777-300ERとルフトハンザ・カーゴの777Fに装着すると発表。その名もずばり「エアロシャーク（Aero-SHARK）」だ。BASFが開発したこのフィルムの正式素材名は「ノバフレックス・シャークスキン（Novaflex Sharkskin）機能性フィルム」といい、こちらにも「Shark」の文字が入っている。

SWISSでは2022年8月に同社の777-300ER（HB-JNH）を対象として胴体とエンジンナセルの約950㎡に「エアロシャーク」を装着、9月には数回の試験飛行を実施した。そして、777-300ERでは1%強の燃費節約が可能となるとの試験結果を得たという。もっとも、安全第一の航空機だけに「エアロシャーク」を装着して飛ぶには追加型式設計承認

「エアロシャーク」の装着試験に用いられたSWISSの777-300ER（HB-JNH）。

（STC:Supplemental Type Certificate）が必要。「エアロシャーク」はEASAのSTCを取得した後、2023年初めからSWISSの777-300ERに装着されて飛んでいる。

今後、SWISSとルフトハンザ・カーゴのすべての777シリーズに「エアロシャーク」が装着されれば、ルフトハンザ・グループだけで年間2.5万トン以上のCO_2が削減されることになる。また、BASFが当初に実施したシミュレーションでは、「エアロシャーク」の装着面

「エアロシャーク」を機体に装着する作業の様子。

積を最大化すれば、CO_2を3%レベルで削減することも可能とのことだ。

NASAの「空飛ぶ実験室」後継機は元JALの777-200

NASAには「空飛ぶ実験室（Airborne Science Laboratory）」と呼ばれる、様々な技術の飛行実証試験を行うための専用機がある。

現在の「空飛ぶ実験室」は1969年にアリタリア航空へデリバリーされ、1986年にNASAへ登録されたダグラスDC-8（N817NA）。製造されたのは55年前で、NASAで使い始めてからも38年が経つ。しかも、世界で今なお現役稼働中のDC-8は、実質的にこのNASA機以外では緊急援助支援団体が飛ばしている1機くらいだ。人間ならもうすぐ還暦を迎えるというこのDC-8、2023年にもSAFを搭載した737-10の排出ガス成分の測定に

NASAの「空飛ぶ実験室」として40年近くにわたって活躍してきたDC-8。

JAL旧塗装時代のJA704J。特別なデカールが貼られたワンワールド特別塗装機だったこともある。

サザンカリフォルニア・ロジスティクス空港にストアされる機体の群れ。JALの777も5機並んでいるが、右側手前の機体がJA704Jである。解体される機体が多い中で、活躍の場が与えられたのは幸運というべきか。

活躍したが、さすがにこれ以上使い続けることは難しくなってきている。そこで後継機として白羽の矢が立ったのが、元JALの777だ。

2023年11月12日、JALの777-200は最後のフライトを迎えた。そして、合計26機が登録されていたうちの1機である元JA704Jが次の「空飛ぶ実験室」に決まったのだ。この機体はJAL旧塗装時代の2007年春から2008年秋まで「One World」特別塗装機として飛んでいたが、同じ「One World」機でも通常とは異なり、胴体後部に地球をネットワークするデザインを描いた数少ない特別塗装機だった。

2020年5月末に退役した同機は、その後、数多くのストア機が並ぶサザンカリフォルニア・ロジスティックス空港にフェリーされ、JALのフルカラー（鶴丸塗装）でストアされていた。その後、2022年12月15日にバージニア州のラングリー空軍基地へフェリー、ここで「空飛ぶ実験室」へと改修されることになった。なお、機体は2023年9月にN774LG（同機を取得したロジスティック・エアの登録記号）としてNASAに登録されている。

胴体に金縁で黒のライン、尾翼にはNASAのシンボルマークを描いたDC-8に対し、後継機の777はどんな風に魔改造をされて、どんなカラーリングでデビューするのか注目である。

チーム専用機がワイドボディ機 試合のための移動は777-200で

2023年は、大谷翔平選手が活躍したワールドベースボールクラシック（WBC）やMLB、サッカーやバスケットボールなどスポーツ界が大盛り上がり。北米の4大プロスポーツリーグといえば、NFL（アメリカンフットボール）、NBA（バスケットボール）、MLB（野球）、そして、NHL（アイスホッケー）だが、その中で絶大な人気を誇るのがNFLである。そして、そのNFLのチームの一つが、アリゾナ州グレンデールをベースとするアリゾナ・カーディナルス。約125年前の1898年に創設され、1920年シーズンからNFLに参戦したこの名門チームは、残念ながらここ数年、成績がいまひとつ振るわないが、実は凄い点がある。それは、

NFLのアリゾナ・カーディナルスのチーム専用機として使用されている777-200ER（N777AZ）。以前はデルタ航空で運航されていた。

チームの移動に使っている専用機が、なんと777-200ERなのだ。欧米のプロスポーツでは専用機を持っているチームが少なくないとはいえ、777を使っているのはアリゾナ・カーディナルスくらいである。

　チーム専用機で有名だったのが、2024年に大谷選手が移籍したMLBのドジャースだ。ドジャースは、かつてコンベアCV-440、ダグラスDC-6、ロッキード・エレクトラ、ボーイング720を専用機として使っていた。しかし、現在は専用機を自ら保有することはせず、チャーター機で済ませている。一方のアリゾナ・カーディナルスは777（N777AZ）に自チームのフルカラーを施す力の入れようで、プロスポーツ界での存在感もひと際高い。

　この777は2002年3月にデルタ航空へデリバリーされた元N867DAで、2021年12月にアリゾナ・カーディナルスに登録され、同月17日にはテキサス州のペロット・フィールド・フォー

トワース・アライアンス空港からアリゾナ州フェニックスにフェリーされた。現在の登録記号になったのは2023年10月のことだ。デルタ航空時代にはビジネスクラス28席、プレミアムエコノミー48席、エコノミークラス220席の計296席で運航されていたが、アリゾナ・カーディナルスではファーストクラス28席、ビジネスクラス48席、エコノミークラス212席の計288席に改修し、ワンランクアップした感じだ。ただし、デルタ航空時代のデルタワン・スイート（ビジネスクラスシート）はそのまま使われている。

　アリゾナ・カーディナルスの777の運航はジェット・エビエーション・フライト・サービスが行っている。同社はジェネラル・ダイナミクスの子会社でスイスのバーゼルに本社があるビジネスジェットやコーポレートジェット運航の老舗だ。ただし、この777は飛行回数が多くないので、なかなか見かけることのないレアな機体でもある。

一時は777も後継機候補に
どうなる次世代空中給油機

　今から17年ほど前、米国空軍はハイローミックス（高性能な兵器と安価な兵器の組み合わせ）で、空中給油機を運用することを検討していた。具体的には太平洋や大西洋を越

米空軍の主力空中給油機KC-46。一時はKC-777開発の噂もあったが、オーバースペックで開発リスクも高いため具体的な動きには至っていない。

えるミッションには777をベースとしたKC-777空中給油機を、その他の多くのミッションではKC-737やKC-130を運用することが考えられていた。この背景には、当時運用開始から四半世紀が経過していた767をベースとしたKC-767を避けようとする力が働いていたとも言われる。

しかし、輸送機として使った場合に777はパレットやコンテナを使えるのに対して737はバラ積みが基本という違いがあるし、KC-777は開発費が高くなる。航空コンサルタントとして知られるティール・グループのリチャード・アブラフィア氏は当時、「KC-777は技術面や輸送力の観点からは望ましいが、明らかにオーバースペックの機体だ」と述べていた。

性能的に見た場合、KC-767の最大離陸重量が400,000lb（約181トン）であるのに対してKC-777は750,000lb（約340トン）と約1.9倍にもなる。また、搭載燃料もKC-767が200,000lb（約91トン）であるのに対してKC-777は最大で350,000lb（約159トン）で約1.75倍。輸送できる兵員数320名は対KC-767比で1.6倍、搭載パレット数は37枚で同2倍近い。当然ながら、ペイロードは大きく、航続距離も長い。ちなみに同じく767をベースに開発されたKC-46Aの最大離陸重量は約188トン、燃料搭載量は96トン、搭乗者向け座席数は最大114、パレット数は18だから、基本的にKC-767とほぼ同等だ。

性能的にはKC-767を大きく上回るKC-777だったが、オーバースペックである上に開発コストや価格が高くなるというのが課題となった。この点は調達する空軍側だけでなく、開発・量産するボーイング側にとってもリスクとなる。実際、767をベースとしたKC-46プログラムは、初号機が初飛行した2015年以降ずっと赤字続きで、2023年初めまでの累積赤字額は約66億ドルに達している。737MAXや777Xに比べれば損失額はまだ小さいともいえるが、業績面で足を引っ張っていることは間違いない。よりコストが嵩むことが見込まれるKC-777は、開発する側にとっても悩ましい機体になる可能性があったのだ。2023年10月には、KC-135後継機の入札からロッキード・マーチン（A330MMRT）が撤退した。KC-777も見てみたい気はするが、結局のところ当面はKC-46Aの導入が続きそうだ。

ソフトバンク系列の米国企業が
777の貨物機改修事業を展開中

「マンモス・フレイター（Mammoth Freighters LLC）」とは、なんとも魅力的なネーミングだが、日本のソフトバンクグループの子会社である米国のフォートレス・インベストメント・グループが設立した777シリーズのP2F（Passenger To Freighter＝旅客機の貨物型改修）事業者のことである。フォートレス・インベストメント・グループは、2017年にソフトバンクグループが33億ドルで買収、オルタナティブ投資（従来の金融資産に代わる対象への投資）を行っていた会社。ただし、2023年5月にソフトバンクグループはフォートレス・インベストメント・グループを、ロールスロイスやドナルド・トランプ氏などとも提携しているムバダラ・インベストメント（本社所在地アブダビ）に売却すると発表している。

そんなソフトバンク系列の企業だった「マンモス・フレイター」が展開しているのは、777-300ERと777-200LRの2機種を貨物機に改造するプロジェクト（777-200LRMFと-300ERMF）で、既に元デルタ航空の777-200LR×10機を取得するなどしている。改造作業では、座席やオーバーヘッドビン、トイレ、ギャレーなどを取り外した後、貨物重量に耐えるための床面強化、パレットやコンテナといったユニット・ロード・デバイス（ULD）を搭降載するための貨物ハンドリングシステム、床面ローラー、消火システムなどを装着する。もちろん、胴体側面には大きな貨物ドアが取り付けられる。

このP2F事業を行うため、2021年9月にはテキサス州フォートワース・アライアンス空港でMRO（メンテナンス・リペア・オーバーホール）やモディフィケーション事業等を手掛けるGDCテクニクスと提携し、年間12機の777フレイター改造計画を策定。また、2022年10月にはフロリダ州オーランドに本社を置くSTSエビエーション・サービスとも提携し、2024年半ばから英国のマンチェスターにあるSTSでP2F事業を行う予定だ。さらに2022年8月にはテキサス州のアスパイアMROとも提携している。

ローンチカスタマーは、新型コロナ禍で成田等に頻繁に767フレイターを運航していたカナダのカーゴジェットで、2021年11月に2機の777-200LRMFを発注した（初号機は

Mammoth Freighters

マンモスフレイターのP2F事業では777-200LRMFと777-300ERMFの2機種が登場予定。

元デルタ航空のN705DN）。他にオプションで777-200LRMFと-300ERMFをそれぞれ2機契約している。また、2023年4月にはDHLエクスプレスが9機の777-200LRMFを、10月にはリトアニアのアビアAMリーシングが6機の777-300ERMFを導入すると発表。初号機の改造着手も発表されたが、この機体はエアキャッスルがロシアのノルドウィ

ンドにリースしていたVP-BJPである。ただし、当初計画では2023年末に認証取得（STC）、2024年から引き渡しを開始するとしていたが、計画は遅れ気味となっている。また、マンモス・フレイターの改造貨物機は、2023年11月開催のドバイエアショーに改造貨物機を展示したイスラエルIAIの「ビッグ・ツイン」とはライバルということになる。

操縦自動化は実現するか？最新鋭機で試験飛行を実施

ATTOLの試験飛行に供されたA350-1000テストベッド機（F-WMIL）。航空機の自動化・自律化は近い将来、どこまで進むのであろうか。

公道も走れないのになぜか「空飛ぶクルマ」と間違って呼ばれている電動垂直離着陸機（eVTOL）、いわゆる「空モビ」は、将来的に自動・自律操縦機の登場が期待されている。実際に欧米では遠隔の自動操縦だけでなく、機体自らが周囲の状況を判断して安全に空を飛ぼうとする自律飛行の研究が行われている。もっとも、自動操縦や自律飛行の研究が目指しているのは、「空モビ」というより民間機や軍用機のワンマンパイロットの実現だ。

大きな旅客機での研究は限定的だが、エアバスは最新のA350-1000（F-WMIL）を使って自動タキシング、自動離陸、自動着陸の試験飛行を実施した。それがATTOL（Autonomous Taxi, Take-Off and

Landing）である。

2020年夏に完了したATTOLシステムにはコンピュータービジョンとマシンラーニングが使われており、レーダーやライダー（LiDAR: Light Detection And Ranging＝距離測定等のセンサー）に加え、数多くのカメラが搭載されている。一方、ソフトウェア開発では450回あまりのパイロットによる飛行状況のビデオデータを収集、これを活用して機体制御アルゴリズムを調整している。2020年6月に6回飛行しており、1回のフライトで5回の離陸・着陸・タキシングを実施した。

ATTOLプロジェクトは、エアバス内で将来の革新技術を速く開発することに取り組んでいるエアバス・アップネクスト（Airbus Up-Next）がリード。エアバスのエンジニアリン

グ及び技術チームに加え、エアバス・ディフェンス・アンド・スペース、シリコンバレーにあるイノベーション・センター「エーキューブド（Acubed）」、エアバス・チャイナ、フランス国立航空宇宙研究所が参加した。

エアバス・アップネクストではATTOLに続き、緊急自動着陸や自動ダイバート、自動着陸、タキシング操縦支援などの研究を行っており、タキシングでは障害物に反応して音声で警告したり、速度制御の支援、専用の空港地図を使用した滑走路への誘導などと

いった機能を有している。システムは「ドラゴンフライ（DragonFly＝トンボ）」と命名され、2023年1月に試験が開始された。「ドラゴンフライ」プロジェクトの予算の一部は、5年間で300億ユーロを投資する「France 2030」計画からフランス民間航空局（DGAC）が拠出。また、開発には英国のコブハムやコリンズ・アエロスペース、ハネウェル、タレス、ONERAが参加している。今後、A350-1000で3か月の試験飛行を行う計画だ。

A350テストベッド機で近未来のキャビンを研究

直訳すれば「空の空間冒険者」となる「Airspace Explorer」は将来的に旅客機のキャビンに実装される可能性がある技術を実証するプログラムのこと。技術を実証しなければならないので、当然ながらテストベッ

ド機（実証機）が必要となる。その「Airspace Explorer」テストベッド機に選定されたのが、エアバスのA350-900のMSN002（登録記号F-WWCF）だ。胴体前部上方には水色から紫色へのグラデーションが美しい「Air-

「Airspace Explorer」として実証試験に用いられるA350-900テストベッド機のF-WWCF。

様々なキャビン設備の近未来技術が装備された「Airspace Explorer」の機内。

space Explorer」のロゴが描かれている。

ところで次世代のキャビン技術とはどのようなものなのだろうか。まずはここ10年ほどの間、急速に技術とサービスが発展しているコネクテッド。「Airspace Explorer」でも次世代の「Flex Display」が適用される。

「Flex Display」は折りたたみ式スマートフォン向けなど、HMI（ヒューマン・マシン・インターフェイス）製品を開発している中国深圳のロヨル（Royole）とエアバスが共同開発している有機ELディスプレイ。非常に薄く軽量であることから紙のような感覚で使うことができ、いわば冊子のようなiPadといったところだろうか。ステッカーのように貼って使うこともできる。航空機のキャビンだけでなく自動車など様々な応用が考えられており、低消費電力で消毒なども簡単というメリットがある。この最新式「Flex Display」をA350テストベッド機に搭載して試験や研究を行い、将来的にはエアバス機のキャビンで利用者へサービス提供されることになるという。

また、キャビン向けIoT（Internet of Things）プラットフォームは、ギャレーやミールトレイ、座席やオーバーヘッドビンなどキャビンのコア・コンポーネントをリアルタイムでつなぐ。さらには客室乗務員向けにキャビンの

あらゆるデータを交換できるようになり、スマートフォンなどのPED（Personal Electronic Devices）でそれを見られるようになる。ただ、サイバーセキュリティ対策がどうなっているのかは気になるところだ。

この他にも、環境に優しいカーペット、凹面形状の窓、調光機能を有した窓など様々な次世代技術の実証が行われる。環境に優しいカーペットは再生ナイロン糸100%のカーペットで好みの色につくることができる。凹面形状の窓は飛行中には気圧とキャビン圧の違いから窓が面一となるため抗力を減らすことができ、燃費改善・CO_2削減の効果が期待される。ただし、地上では凹面になってしまうので、タキシング時などに外の写真を撮るのには影響が出るかもしれない。

一方、調光機能がある窓は、古くは1974年に就航したフランスのダッソー・メルキュールでも採用されていた。残念ながらメルキュールは機体そのものが失敗作に終わったものの、それから半世紀を経て「Airspace Explorer」で実証される窓には、調光機能があることで物理的なシェードが不要となり、軽量化にも寄与するという先進的な技術が使われている。

外相激怒？ A340が早期退役 独政府専用機はA350が主力に

日本をはじめ多くの国が政府専用機を運航してきた。その中で、成田の開港により羽田発着の国際線が移転する前から日本にもたびたび飛来していたのがルフトワッフェの名で知られるドイツ空軍が運航する政府専用機だ。当初はボーイング707が知られていたが、現在はA340、A350とエアバス機が主流となっている。ちなみに東西ドイツが

統一したときには、旧東ドイツのインターフルグ航空が使っていたツポレフTu-154Bをドイツ空軍が継承したが、さすがに旧ソ連機が政府専用機として運用されることはなかった。

現在、ドイツ空軍には16機の民間型輸送機が登録されている。7機のボンバルディア・グローバルエクスプレスを除けば、残り9機

ドイツ空軍が運用するA350政府専用機。故障で外交スケジュールに影響を与えてしまったA340はお払い箱に。

はすべてエアバス機。ところが、この9機の中には日本へ何度も飛来してお馴染みだったA340は含まれていない。実は2機のA340は2023年8月18日と21日にドイツ空軍から抹消されてしまったのである。

当初、1機は2023年9月、もう1機は2024年末に退役するはずだった。ところが、8月にアンナレナ・バーボック外相がアジア太平洋地域を訪問した際、給油で寄ったアブダビでフラップにトラブルが発生。この結果、予定をキャンセルせざるを得なくなった外相の逆鱗に触れ、2機のA340はその月の内に早々と抹消、9月には多くの航空機がストアされていることで知られるアメリカ・ニューメキシコ州のロズウェル空港へフェリーされてしまったのである。

結局、ドイツ空軍で長距離飛行できる政府専用機は3機のA350だけとなった。この3機は2020年から2023年にかけてデリバリーされた機体で、2機は政府専用機として運用

されているものの、最も古い「10+03」機は2023年初めから1年ほどハンブルクにストアされたままだ。

ドイツ政府専用機のA350の機内がどのようになっているのかというと、広々としたカンファレンスルームや多機能ラウンジ、寝室、バスルーム、キッチンなどで構成されている。もちろん、随員のためのゆったりとした座席も用意されており、最大で150人が搭乗可能だ。A350の機内とみられる写真を見ると、天井や壁の上部が白やアイボリーで統一されており、全体的に明るい印象を受ける。会議などが行われるとみられるセクションの座席やソファ、机もまた白を基調としたデザインでまとめられており、とても落ち着いたインテリアだ。VIP機なので、インテリアだけではなく装備も通常と異なり、特殊なレーダーや通信システムが採用されている。早々に更迭されたA340に代わり、ドイツ空軍のA350は忙しさを増すことになるかもしれない。

制裁の結果、早くも「共食い」アエロフロートのA350

前述の通り、ロシアによるウクライナ侵攻の結果、ロシア国内ではボーイング機やエアバス機の運航機数が減少している。ただ、機

数の多い777シリーズと違い、ロシアで運航されているA350はアエロフロートの7機のみにとどまる。いずれも2022年春にロシア国籍に登

VQ-BFYの登録記号で羽田にも飛来していたことのあるアエロフロートのA350。この機体は現在、部品取りに使われているとの見方が出ている。

録変更されており、アエロフロートとしては今後もこれらのA350を運航する気満々といったところだ。ちなみに7機のうち2機あるリース機はいずれも三井住友系の航空機リース会社であるSMBCアビエーションキャピタルの所有機である。そんな7機のうち、2020年にアエロフロートへデリバリーされた1機はモスクワのシェレメーチェヴォ空港にストアされたままだ。

2022年8月、ロイターは複数の業界関係者の話として、欧米等の制裁により西側製航空機のプロダクトサポートを受けられなくなったロシアのエアラインでは、まだ飛べる機体を部品取りに使っていると報じた。このときアエロフロートのA350は2機がストアされていたが、どうも前記の2020年にデリバリーされたVQ-BFY（現在はロシア登録のRA-73157）がこの部品取りに使われているようだ。また、ロイター報道時にはウクライナ侵攻が開始される2日前の2022年2月22日にアエロフロートへデリバリーされたVP-BYF（現在はRA-73156）もシェレメーチェヴォ空港にストアされたため、この新造機も部品取りに使われてい

るのではないかと考えられていたが、RA-73156となったこの最新のA350は2023年5月30日に路線投入されたことが確認されている。これらから推察すると部品取りとして使われているのはVQ-BFY（RA-73157）だけのようだが、カニバリゼーション（共食い）となっているのは間違いない。

ウクライナ侵攻前には羽田にも飛来していたアエロフロートのA350をロシア国内でメンテナンスしていたのはアエロフロート・テクニクスだが、今後も西側からの部品などの供給が滞れば、A350のカニバリゼーションが拡大する可能性も否定できない。

一方、アエロフロートは22機のA350も発注していたが、現在アエロフロートに登録されている7機以外は、転売されることになった。このうち4機はターキッシュエアラインズが取得して、既に引き渡されている（TC-LGI、TC-LGJ、TC-LGK、TC-LGL）。なお一部は、一時アエロフロートのハイブリッドカラーで飛んでいた。ロシアのA350の先行きはまだまだ見通すことができない。

エアバスとカタール航空が A350の塗装剥離問題で大もめ

2020年末、EASAはカタール航空のA350の塗装剥離問題を既に把握していた。また、

2021年の2月には導入から4年が経ったルフトハンザのA350が再塗装された。そんなA350の塗装剥離問題が大きく報じられたのは、2022年5月末のこと。カタール航空のアクバル・アル＝バーキルCEOが突然、エアバス機の受領停止を発表したときだ。同年8月5日にカタール航空は同国航空局からの助言もあり、13機のA350すべてを地上停留させ、「A350の塗装問題を認めようとしない」とエアバスを批判した。カタール航空によれば、A350の塗装下地が早期劣化したことで耐雷性が低下したことに加え、複合材に亀裂が確認されたという。

11月末になると、A350塗装剥離問題はフィンエアー、キャセイパシフィック航空、エア・カライベス、運航前のエティハド航空からも報告され、エアライン界に懸念が広がった。しかしエアバスは、塗装剥離はあくまで表面的なものだと主張、独立した機関での法的評価を求めた。その後、英国のグリムストーン卿（投資担当閣外大臣）が仲介を申し出たものの実現せず、12月21日にカタール航空は法的続きを開始、ロンドンの高等法院技術建築法廷に訴えを起こした。

訴訟内容は翌年明らかになり、カタール航空はエアバスに6億1800万ドルの損害賠償を求め、さらにA350の運航ができなくなったことに対して、1機につき1日当たり400万ドルの追加補償を要求。これに対してエアバスは、2022年1月21日にカタール航空のA321neo×50機の発注を取り消した。一方でカタール航空は未公開のA350の塗装剥離映像を公開、1月末にはボーイング機を最大100機発注した。すると今度はエアバスが2月8日にカタール航空のA350×2機の発注を取り消し、事態は泥沼の様相を呈してきた。

その後もカタール航空とエアバスの抗争は続き、2月28日にはエアバスがカタール航空に2億2000万ドルの損害賠償を請求したかと思えば、カタール航空は塗装剥離により燃料タンク上の耐雷対策としての銅メッシュが損傷し、最悪の場合は火災につながると主張。両社の対立は深まるばかりのように思われた。

ところが、この問題は突如として解決に至る。カタール航空とエアバスが和解し、最終的に両社の責任を認めずに問題を解決する形

Charlie FURUSHO

世界初の商業運航を行うなどA350とは縁の深いカタール航空。塗装剥離問題をめぐって一時はエアバスとまさかの抗争状態に陥った。

で合意がなされたのである。法的請求は放棄され、キャンセルされたカタール航空向けエアバス機も、3月初めには発注リストに再掲載された。ただし、合意内容は非公開で、いささか不透明感の残る決着となった。いずれにしても、航空機の塗装は見た目だけでなく性能的にも重要だということを今回の法廷闘争は示したといえよう。

エティハド航空のA350-1000 脱炭素を目指す実証試験機に

今年の1月15日から成田線に投入されたエティハド航空のエアバスA350-1000。現在、エティハド航空では5機のA350-1000を運航しているが、2019年5月末に引き渡されたA6-XWBは、「サステナビリティ50（Sustainability50）」のスペシャルロゴ機となっている。この「サステナビリティ50」の「50」とは、アラブ首長国連邦がイギリスから独立した1971年12月2日から2021年で50周年を迎えることに加え、2050年までに二酸化炭素排出ゼロ（Net Zero Emission）を目指しているエティハド航空の取り組みをあらわしている。そしてこの年にエティハド航空はエアバス、ロールスロイスとのパートナーシップの下、「サステナビリティ50」プログラムを立ち上げた。

「サステナビリティ50」のロゴを描いたエティハド航空のA6-XWBだが、その取り組みは単にロゴを描いた特別塗装だけではない。A6-XWBは、CO_2排出量を削減するための新たな取り組みであるSAF（持続可能な航空燃料）の活用促進や機体重量のマネジメント、ゴミの管理、データ駆動型の分析手法の開発など、様々な手法や技術を実証するテストベッド機として使われる。

ちなみにエティハド航空はSAF活用に関して、2023年5月、米国ワシントン州モーゼス

Etihad Airways

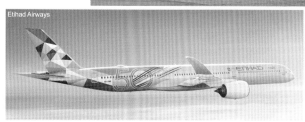
Etihad Airways

2050年までの二酸化炭素排出ゼロを目指す「サステナビリティ50」。特別塗装が施されたA350-1000は各種の実証実験にも供されることになった。

レークのCX（カーボントランスフォーメーション）企業であるトゥエルブと、SAFを国際線で活用していくことでMoU（覚書）を締結している。なお、トゥエルブはアルコール類を原料としたSAF（ATJ-SPK）を製造している米国のSAF生産会社であるランザテックとパートナーシップを結んでいる。今後、A350-1000ではこうしたSAFの実証が増えることになりそうだ。

ところで「サステナビリティ50」ではCO$_2$削減など地球規模の環境問題だけではなく、エティハド航空を利用する旅客がより快適な

キャビン空間を経験できるための取り組みも含まれている。それが照明による「光害」の低減だ。A350-1000に搭載されているE-BOX機内エンターテインメントシステムには、長距離飛行での時差ぼけ対策にもなるダークモード・インターフェイスが新たに装備されている。

エティハド航空のサステナブル技術・フライングテストベッド機となったA350-1000は、エアライン界の「脱炭素化」に大きく貢献することになりそうだ。

中国にもA350引き渡し拠点
最終組立ライン設置の情報も

ボーイング機の最終組立ライン（FAL: Final Assembly Line）は米国国内にあるが、多国籍企業であるエアバスはフランス・トゥールーズとドイツ・ハンブルク以外に、アメリカのアラバマ州モービルと中国の天津にもラインを設けている。このうちモービルではA320とA220の、中国・天津では2015年からA320の最終組立ラインが稼働している。そして、天津にはA320の最終組立ラインと

は別にワイドボディ機の完成・引き渡しセンター（C&DC：Completion and Delivery Centre）がある。完成・引き渡しセンターでは、トゥールーズで最終組立が行われてフェリーされた機体にキャビンを設置し、塗装を施した上で量産飛行試験（アクセプタンスフライト）を実施、その後に顧客であるエアラインへ引き渡される。

天津では2017年からA330の完成・引き

Airbus

2021年7月に中国東方航空向け初号機が天津のC&DCで引き渡されたA350。今後は最終組立ラインも天津に設置するという情報もあるが、2024年初頭現在では実現していない。

渡しセンターが稼働しているが、2021年7月からはA350がこれに加わった。A350の完成・引き渡しセンターの立ち上げにあたっては、トゥールーズから専門家が出張して160名の中国人スタッフの訓練にあたった。そして、2021年7月、初のA350が天津の完成・引き渡しセンターから中国東方航空に納入され、2023年8月末までに19機のA350が天津で顧客に引き渡されている。

現状では、完成・引き渡しセンターでの作業に限られているA330とA350だが、2019年11月には、エアバスが天津においてA350の最終組立を行うことでMoU（覚書）を締結したとの報道があった。これによると、天津で

のA350の最終組立は2020年後半から開始され、最初の機体が2021年に中国のエアラインへ引き渡されるとのことだった。

しかし、現時点でこの計画は実現していない。天津工場は新型コロナの影響で一時操業を停止していたこともあり、エアバスは天津での計画を見直した可能性がある。もっとも、今後、中国やアジアでの中型機需要が回復してくれば、A350やA330の最終組立を天津で行う可能性は否定できない。少なくとも最終的な仕上げ作業を天津で実施して顧客に引き渡されるA350はこれからも増えていくことになるだろう。

飲み物こぼしてエンジン停止!?
映画のストーリーが現実に

A350のコクピット。飲み物をこぼしたのが原因でエンジンが停止するという映画のストーリーのような事態が実際に発生した。

アジア初となる東京オリンピックが開催された1964年秋、航空機事故を扱ったサスペンス・ミステリー映画が公開された。邦題は『不時着』（原題は『Fate is the Hunter』）。ある双発機がエンジントラブルを起こして不時着した際に、浜辺の桟橋に激突して爆発炎上、キャビンアテンダント（当時はスチュワーデス）1人が助かるものの53人が命を落とす、

というのがあらすじだ。

映画では事故原因が追及される。まず右エンジンがバードストライクで停止した後、なぜか左エンジンも停止してしまい、不時着を余儀なくされるのだが、原因は右エンジンが停止した際に機体が傾き、置いてあったコーヒーがこぼれてシステムがショート、警報装置が左エンジン故障という誤った警報を発したというものであった。もちろん、これは映画での話なのだが、これとそっくりの出来事がデルタ航空のA350で発生した。

2020年1月21日、ソウルへ向かっていたデルタ航空のA350で右エンジンが停止するトラブルが発生した。パイロットはエンジンの再始動を試みたがうまくいかず、結局アンカレジに緊急着陸した。エアライン名は明らかにされていないが、同様の事例が2019年の11月にも発生している。

エアバスの最新鋭機を見舞った突然のアクシデントだが、原因は飲み物がこぼれた

ことで誤った信号を受けたことによるものだった。まさに前述の映画『不時着』と同じような事象である。デルタ航空機のフライトレコーダーを解析した結果、エンジンが停止するおよそ15分前、コクピットの左右両席の間にある統合操作パネルのエンジン始動スイッチとECAM（電子式集中化航空機モニター）の上に飲み物がこぼれた。これにより統合操作パネルからの出力信号に乱れが生じ、EEC（電子エンジン制御装置）がHPSOV（高圧遮断バルブ）を遮断、右エンジンが停止したことが判明した。二つのケースでは映画のようにもう片方のエンジンが止まることもなかったし、現在は映画が公開された60年前と比べて航空機の安全対策技術が格段に進歩しているので大きな事故につながることはないと考えられるが、エアバスはコクピットでの飲み物の扱いに関するレコメンド・プラクティス（推奨慣行）を作成している。

新型コロナ禍で活躍したA350プレイター エアバスのテスト機はマスク輸送にも従事

　新型コロナが世界中に広がった2020年、世界のエアライン界は経験したことがないような危機に陥った。旅客機の運航便数が激減し、特に中・大型機クラスは2020年4月の時点で前年比86％も減少したのだ。むろんA350も例外ではなかった。

　一方で、世界はマスク不足という新たな問題に直面した。そこでエアバスは2020年4月、A350-1000テストベッド機を使って、マスクを中国からフランスに輸送した。この機体は前述したATTOLの試験飛行でも使用されたF-WMILである。4月3日にトゥールーズを発ったA350-1000は、4月4日に天津へ到着。400万枚のマスクを搭載してドイツのハンブルクへ向かった。400万枚のマスクはフランス、ドイツ、スペイン、イギリスの各国政府に寄付された。もちろん、新型コロナ禍では多くのエアバス機がマスクやメディカルサプライなどを輸送し、特に旅客機を改修した簡易貨物機「プレイター」（パッセンジャー＋フレイターの造語）の活躍は大いに注目された。

　エアバスは2020年4月、旅客機の座席を取り外して一時的にメインデッキを貨物機として使うための改修（規制への対応を含め）を実施するプログラムを発表した。対象となったのはエコノミークラスで、座席を取り外した後にPKCパレットを旅客用ドアから入れ、シートラックに取り付けた。PKCとは通常の貨物輸送に使われているパレットで、10,000lb（約4,500kg）の荷重容量があり、大きさは156×153×112cm、1パレットで260kg、2.7㎡の貨物を搭載できる。さらにエアバスでは安全性を考えて、EASA基準では要求されていない9Gバリアネットも適用した。A350ではこのパレットを約30枚搭載することができた。そして、このプログラムはエアバスのサービス・ブリテン（SB）、SB25-P170としてパッケージ化された。現在、エアバスはA350フレイターを開発しているが、新型コロナ禍では複数のA350が「プレイター」という形で貨物輸送に従事していたのだ。

　そんなA350プレイターをエアラインで最初に運航したのはアシアナ航空で、2020年9月末にソウルからロサンゼルスへeコマース向けの電子機器や衣料品などを輸送した。この他にもルフトハンザ、カタール航空、シンガポール航空、エチオピア航空、ベトナム航

世界中がマスク不足に陥ったコロナ禍初期、中国からヨーロッパへの緊急輸送に活躍したのがA350-1000のテストベッド機だった。

空など多くのエアラインでA350プレイターは活躍した。

A350以外にも多くのエアバス機やボーイング機で広がった「プレイター」だったが、2022年になると各国はその運航を禁止した。通常の貨物機に義務付けられている消火シ

ステムなどの装備がなかったからだ。あくまで特別に運航を認められていたに過ぎない「プレイター」だったが、新型コロナ禍という未曾有の緊急事態における活躍ぶりは今後も記憶されるべきだろう。

気になるneo化と水素化 A350の未来はどうなる?

近年のエアバスの旅客機シリーズの特徴の一つは「neo」である。A319neo、A320neo、A321neo、A330neoと今やエアバス機の本流は「neo」といっていいくらいだ。生産が終了したA380でも、一時はA380neoの開発が検討されていた。となれば、今後はA350neoが登場してもおかしくはない。そして実際、A350neoの検討は2018年頃に始まっていたという情報もある。

2019年2月には、エアバスと関係の深い人物2名が「エアバスがロールスロイスの次世代大型エンジン『ウルトラファン』に注目しているようだ」と述べ、2020年代後半には「ウ

ルトラファン」がA350neoに搭載される可能性があると報じられた。また、米国『Aviation Week&Space Technology』は、GEが2019年末までエアバスとA350neoの研究で協議し、GE9Xの搭載を検討していたのだろう、と報じた。そして、複数のレポートで、エアバスがロールスロイスとGE双方のエンジンを有力な候補と考えていたようだと記されていた。

しかしその後、A350neoに関する具体的な話はない。そもそも新型コロナの影響でA350などの中型機市場はシュリンクし、状況は大きく変わってしまった。今後は二つの

方向性が考えられている。一つはボーイング777Xの競合機種としてA350neoが登場するのではないかという予測、もう一つがA350neoは実現せず、エアバスの次期中型機は新設計の機体となるだろうという予測だ。とはいえ、このいずれかについては、現時点では全く分からない。

もう一つ気になるのが航空機エンジンの水素化だろう。2023年5月、欧州民間航空協議会（ECAC）のサイトに一見してA350と分かる機体のイラストが掲載されたのだが、エンジンにはアドバンス・ターボプロップのようなプロペラが装着されているのだ。タイトルには「航空における水素の可能性と空港システムへの統合」とある。サイトではA350の水素化については全く触れていないが、どのような経緯でこのイラストは描かれたのだろうか。

現在、航空機の水素化に積極的なのはEUと英国で、官民のプロジェクト数は米国の3倍弱にもなる。そんな中でエアバスは2020年9月に「ZEROeプログラム」を発表、2035年の水素航空機商用化を目指している。現状では、小型機以上（A320や737クラス）の機体の電動化・ハイブリッド化、水素燃料電池の適用は技術的・性能的には困難とされているため、A350を水素化しようとすれば水素タービンになるはずだ。ただし、エアバスは「ZEROeプログラム」の試験機にA380を選定しており、現時点ではA350と水素タービンは結びつかない。「neo」と「水素化」、A350の将来はどうなるのだろう。

A330-900（neo）とA350-1000。早くもA350neo開発の噂が流れているが、具体的な決定は行われていない。

欧州民間航空協議会がWEBサイトに掲載した水素エンジン機のイラスト。機体はA350のように見えるが……。

日本のエアラインに所属した
ボーイング777&エアバスA350
全機リスト

旧大手3社が揃って導入した777
国際線機も導入が始まったA350

かつての大手3社である日本航空、全日本空輸、日本エアシステムが揃って導入したボーイング777。当初こそ747の補完的役割が主だったが、パフォーマンスと信頼性の向上に伴い長距離国際線へも進出、フラッグシップとして大きな存在感を示すようになった。また、777-300ERは2代目の政府専用機として初代の747-400からバトンを受け継いでいる。その一方で、長らくアメリカ製旅客機をフラッグシップとして使用し続けてきた日本航空が2019年からエアバスA350の導入を開始。2024年1月には新たな長距離国際線フラッグシップとしてA350-1000も就航している。これまで大型機分野ではボーイング機が圧倒的に優勢だった日本だが、今後はエアバス機と勢力が拮抗していくことが見込まれる。

写真=チャーリィ古庄、佐藤言夫

※新規登録の日付が古い順に掲載。写真は最終塗装（最新塗装）のものとは限らない。　※データは2024年1月末現在。

Boeing777

[登録記号]JA8197
[製造番号]27027
[新規登録年月日]1995/10/05
[型式]Boeing777-281
[最終運航会社]全日本空輸
[抹消登録年月日]2016/08/24

[登録記号]JA8198
[製造番号]27028
[新規登録年月日]1995/12/21
[型式]Boeing777-281
[最終運航会社]全日本空輸
[抹消登録年月日]2017/01/20

[登録記号]JA8981　　　[型式]Boeing777-246
[製造番号]27364　　　[最終運航会社]日本航空
[新規登録年月日]1996/02/16　　[抹消登録年月日]2014/06/17

[登録記号]JA8982　　　[型式]Boeing777-246
[製造番号]27365　　　[最終運航会社]日本航空
[新規登録年月日]1996/03/26　　[抹消登録年月日]2014/11/20

[登録記号]JA8199　　　[型式]Boeing777-281
[製造番号]27029　　　[最終運航会社]全日本空輸
[新規登録年月日]1996/05/24　　[抹消登録年月日]2016/05/26

[登録記号]JA8967　　　[型式]Boeing777-281
[製造番号]27030　　　[最終運航会社]全日本空輸
[新規登録年月日]1996/08/13　　[抹消登録年月日]2017/06/22

[登録記号]JA8968　　　[型式]Boeing777-281
[製造番号]27031　　　[最終運航会社]全日本空輸
[新規登録年月日]1996/08/15　　[抹消登録年月日]2017/02/23

[登録記号]JA8983　　　[型式]Boeing777-246
[製造番号]27366　　　[最終運航会社]日本航空
[新規登録年月日]1996/09/13　　[抹消登録年月日]2015/05/28

[登録記号]JA8977　　　[型式]Boeing777-289
[製造番号]27636　　　[最終運航会社]日本航空
[新規登録年月日]1996/12/04　　[抹消登録年月日]2020/09/01

[登録記号]JA8969　　　[型式]Boeing777-281
[製造番号]27032　　　[最終運航会社]全日本空輸
[新規登録年月日]1996/12/17　　[抹消登録年月日]2018/02/05

[登録記号]JA8984　　　[型式]Boeing777-246
[製造番号]27651　　　[最終運航会社]日本航空
[新規登録年月日]1997/04/22　　[抹消登録年月日]2020/02/25

[登録記号]JA8985　　　[型式]Boeing777-246
[製造番号]27652　　　[最終運航会社]日本航空
[新規登録年月日]1997/05/15　　[抹消登録年月日]2020/08/20

[登録記号]JA701A
[製造番号]27983
[新規登録年月日]1997/06/24

[型式]Boeing777-281
[最終運航会社]全日本空輸
[抹消登録年月日]2018/01/22

[登録記号]JA8978
[製造番号]27637
[新規登録年月日]1997/06/27

[型式]Boeing777-289
[最終運航会社]日本航空
[抹消登録年月日]2023/01/26

[登録記号]JA702A
[製造番号]27033
[新規登録年月日]1997/07/01

[型式]Boeing777-281
[最終運航会社]全日本空輸
[抹消登録年月日]2021/12/23

[登録記号]JA703A
[製造番号]27034
[新規登録年月日]1997/08/08

[型式]Boeing777-281
[最終運航会社]全日本空輸
[抹消登録年月日]2019/03/14

[登録記号]JA8979
[製造番号]27638
[新規登録年月日]1997/11/26

[型式]Boeing777-289
[最終運航会社]日本航空
[抹消登録年月日]2022/01/12

[登録記号]JA704A
[製造番号]27035
[新規登録年月日]1998/03/27

[型式]Boeing777-281
[最終運航会社]全日本空輸
[抹消登録年月日]2020/11/25

[登録記号]JA007D
[製造番号]27639
[新規登録年月日]1998/04/28

[型式]Boeing777-289
[最終運航会社]日本航空
[抹消登録年月日]2022/03/29

[登録記号]JA705A
[製造番号]29029
[新規登録年月日]1998/04/28

[型式]Boeing777-281
[最終運航会社]全日本空輸
[抹消登録年月日]2021/01/19

[登録記号]JA706A
[製造番号]27036
[新規登録年月日]1998/05/21

[型式]Boeing777-281
[最終運航会社]全日本空輸
[抹消登録年月日]2020/06/22

[登録記号]JA008D
[製造番号]27640
[新規登録年月日]1998/06/24

[型式]Boeing777-289
[最終運航会社]日本航空
[抹消登録年月日]2022/02/25

[登録記号]JA751A　　[型式]Boeing777-381
[製造番号]28272　　[最終運航会社]**全日本空輸**
[新規登録年月日]1998/07/01　　[抹消登録年月日]**現役稼働中**

[登録記号]JA8941　　[型式]Boeing777-346
[製造番号]28393　　[最終運航会社]**日本航空**
[新規登録年月日]1998/07/29　　[抹消登録年月日]2015/06/16

[登録記号]JA753A　　[型式]Boeing777-381
[製造番号]28273　　[最終運航会社]**全日本空輸**
[新規登録年月日]1998/07/30　　[抹消登録年月日]**現役稼働中**

[登録記号]JA8942　　[型式]Boeing777-346
[製造番号]28394　　[最終運航会社]**日本航空**
[新規登録年月日]1998/08/27　　[抹消登録年月日]2015/04/30

[登録記号]JA752A　　[型式]Boeing777-381
[製造番号]28274　　[最終運航会社]**全日本空輸**
[新規登録年月日]1998/08/28　　[抹消登録年月日]**現役稼働中**

[登録記号]JA009D　　[型式]Boeing777-289
[製造番号]27641　　[最終運航会社]**日本航空**
[新規登録年月日]1998/09/03　　[抹消登録年月日]2022/01/31

[登録記号]JA754A　　[型式]Boeing777-381
[製造番号]27939　　[最終運航会社]**全日本空輸**
[新規登録年月日]1998/10/21　　[抹消登録年月日]**現役稼働中**

[登録記号]JA8943　　[型式]Boeing777-346
[製造番号]28395　　[最終運航会社]**日本航空**
[新規登録年月日]1999/03/18　　[抹消登録年月日]2016/01/18

[登録記号]JA755A　　[型式]Boeing777-381
[製造番号]28275　　[最終運航会社]**全日本空輸**
[新規登録年月日]1999/04/07　　[抹消登録年月日]**現役稼働中**

[登録記号]JA8944　　[型式]Boeing777-346
[製造番号]28396　　[最終運航会社]**日本航空**
[新規登録年月日]1999/04/23　　[抹消登録年月日]2022/08/15

[登録記号]JA010D　　　　[型式]Boeing777-289
[製造番号]27642　　　　[最終運航会社]**日本航空**
[新規登録年月日]1999/05/14　[抹消登録年月日]2022/05/13

[登録記号]JA8945　　　　[型式]Boeing777-346
[製造番号]28397　　　　[最終運航会社]**日本航空**
[新規登録年月日]1999/08/18　[抹消登録年月日]2022/05/23

[登録記号]JA707A　　　　[型式]Boeing777-281ER
[製造番号]27037　　　　[最終運航会社]**全日本空輸**
[新規登録年月日]1999/10/07　[抹消登録年月日]2020/11/04

[登録記号]JA708A　　　　[型式]Boeing777-281ER
[製造番号]28277　　　　[最終運航会社]**全日本空輸**
[新規登録年月日]2000/05/11　[抹消登録年月日]2022/02/03

[登録記号]JA709A　　　　[型式]Boeing777-281ER
[製造番号]28278　　　　[最終運航会社]**全日本空輸**
[新規登録年月日]2000/06/16　[抹消登録年月日]2022/01/28

[登録記号]JA710A　　　　[型式]Boeing777-281ER
[製造番号]28279　　　　[最終運航会社]**全日本空輸**
[新規登録年月日]2000/10/04　[抹消登録年月日]2022/01/28

[登録記号]JA701J　　　　[型式]Boeing777-246ER
[製造番号]32889　　　　[最終運航会社]**日本航空**
[新規登録年月日]2002/07/12　[抹消登録年月日]2023/05/23

[登録記号]JA702J　　　　[型式]Boeing777-246ER
[製造番号]32890　　　　[最終運航会社]**日本航空**
[新規登録年月日]2002/09/24　[抹消登録年月日]2023/05/12

[登録記号]JA703J　　　　[型式]Boeing777-246ER
[製造番号]32891　　　　[最終運航会社]**日本航空**
[新規登録年月日]2003/02/04　[抹消登録年月日]2023/12/15

[登録記号]JA771J　　　　[型式]Boeing777-246
[製造番号]27656　　　　[最終運航会社]**日本航空**
[新規登録年月日]2003/05/13　[抹消登録年月日]2022/06/07

[登録記号]JA756A　　[型式]Boeing777-381
[製造番号]27039　　[最終運航会社]**全日本空輸**
[新規登録年月日]2003/05/21　[抹消登録年月日]2021/02/01

[登録記号]JA704J　　[型式]Boeing777-246ER
[製造番号]32892　　[最終運航会社]**日本航空**
[新規登録年月日]2003/05/29　[抹消登録年月日]2021/10/21

[登録記号]JA757A　　[型式]Boeing777-381
[製造番号]27040　　[最終運航会社]**全日本空輸**
[新規登録年月日]2003/06/12　[抹消登録年月日]2021/02/12

[登録記号]JA705J　　[型式]Boeing777-246ER
[製造番号]32893　　[最終運航会社]**日本航空**
[新規登録年月日]2003/07/16　[抹消登録年月日]2022/04/05

[登録記号]JA751J　　[型式]Boeing777-346
[製造番号]27654　　[最終運航会社]**日本航空**
[新規登録年月日]2003/11/05　[抹消登録年月日]2022/08/04

[登録記号]JA752J　　[型式]Boeing777-346
[製造番号]27655　　[最終運航会社]**日本航空**
[新規登録年月日]2003/11/14　[抹消登録年月日]2022/09/02

[登録記号]JA706J　　[型式]Boeing777-246ER
[製造番号]33394　　[最終運航会社]**日本航空**
[新規登録年月日]2003/12/17　[抹消登録年月日]2021/05/26

[登録記号]JA707J　　[型式]Boeing777-246ER
[製造番号]32894　　[最終運航会社]**日本航空**
[新規登録年月日]2004/04/14　[抹消登録年月日]2022/04/13

[登録記号]JA731J　　[型式]Boeing777-346ER
[製造番号]32431　　[最終運航会社]**日本航空**
[新規登録年月日]2004/06/16　[抹消登録年月日]**現役稼働中**

[登録記号]JA711A　　[型式]Boeing777-281
[製造番号]33406　　[最終運航会社]**全日本空輸**
[新規登録年月日]2004/06/22　[抹消登録年月日]2021/02/01

[登録記号]JA708J　　　　　[型式]Boeing777-246ER
[製造番号]32895　　　　　[最終運航会社]日本航空
[新規登録年月日]2004/06/25　[抹消登録年月日]2022/04/18

[登録記号]JA732J　　　　　[型式]Boeing777-346ER
[製造番号]32430　　　　　[最終運航会社]日本航空
[新規登録年月日]2004/07/02　[抹消登録年月日]現役稼働中

[登録記号]JA709J　　　　　[型式]Boeing777-246ER
[製造番号]32896　　　　　[最終運航会社]日本航空
[新規登録年月日]2004/09/03　[抹消登録年月日]2022/12/09

[登録記号]JA712A　　　　　[型式]Boeing777-281
[製造番号]33407　　　　　[最終運航会社]全日本空輸
[新規登録年月日]2004/10/26　[抹消登録年月日]2020/12/22

[登録記号]JA731A　　　　　[型式]Boeing777-381ER
[製造番号]28281　　　　　[最終運航会社]全日本空輸
[新規登録年月日]2004/10/29　[抹消登録年月日]2021/04/21

[登録記号]JA713A　　　　　[型式]Boeing777-281
[製造番号]32647　　　　　[最終運航会社]全日本空輸
[新規登録年月日]2005/03/23　[抹消登録年月日]現役稼働中

[登録記号]JA772J　　　　　[型式]Boeing777-246
[製造番号]27657　　　　　[最終運航会社]日本航空
[新規登録年月日]2005/04/15　[抹消登録年月日]2022/11/30

[登録記号]JA732A　　　　　[型式]Boeing777-381ER
[製造番号]27038　　　　　[最終運航会社]全日本空輸
[新規登録年月日]2005/04/26　[抹消登録年月日]2021/01/21

[登録記号]JA733J　　　　　[型式]Boeing777-346ER
[製造番号]32432　　　　　[最終運航会社]日本航空
[新規登録年月日]2005/06/21　[抹消登録年月日]現役稼働中

[登録記号]JA714A　　　　　[型式]Boeing777-281
[製造番号]28276　　　　　[最終運航会社]全日本空輸
[新規登録年月日]2005/06/29　[抹消登録年月日]現役稼働中

[登録記号]JA710J　　[型式]Boeing777-246ER
[製造番号]33395　　[最終運航会社]**日本航空**
[新規登録年月日]2005/07/12　　[抹消登録年月日]2022/10/27

[登録記号]JA734J　　[型式]Boeing777-346ER
[製造番号]32433　　[最終運航会社]**日本航空**
[新規登録年月日]2005/07/27　　[抹消登録年月日]**現役稼働中**

[登録記号]JA711J　　[型式]Boeing777-246ER
[製造番号]33396　　[最終運航会社]**日本航空**
[新規登録年月日]2005/08/31　　[抹消登録年月日]2022/12/28

[登録記号]JA733A　　[型式]Boeing777-381ER
[製造番号]32648　　[最終運航会社]**全日本空輸**
[新規登録年月日]2005/10/21　　[抹消登録年月日]2020/12/04

[登録記号]JA734A　　[型式]Boeing777-381ER
[製造番号]32649　　[最終運航会社]**全日本空輸**
[新規登録年月日]2006/03/24　　[抹消登録年月日]2021/03/01

[登録記号]JA715A　　[型式]Boeing777-281ER
[製造番号]32646　　[最終運航会社]**全日本空輸**
[新規登録年月日]2006/05/11　　[抹消登録年月日]**現役稼働中**

[登録記号]JA735A　　[型式]Boeing777-381ER
[製造番号]34892　　[最終運航会社]**全日本空輸**
[新規登録年月日]2006/06/16　　[抹消登録年月日]2021/06/02

[登録記号]JA716A　　[型式]Boeing777-281ER
[製造番号]33414　　[最終運航会社]**全日本空輸**
[新規登録年月日]2006/06/29　　[抹消登録年月日]**現役稼働中**

[登録記号]JA735J　　[型式]Boeing777-346ER
[製造番号]32434　　[最終運航会社]**日本航空**
[新規登録年月日]2006/07/20　　[抹消登録年月日]**現役稼働中**

[登録記号]JA717A　　[型式]Boeing777-281ER
[製造番号]33415　　[最終運航会社]**全日本空輸**
[新規登録年月日]2006/08/09　　[抹消登録年月日]**現役稼働中**

[登録記号]JA736J　　　　　[型式]Boeing777-346ER
[製造番号]32435　　　　　[最終運航会社]日本航空
[新規登録年月日]2006/08/22　[抹消登録年月日]現役稼働中

[登録記号]JA736A　　　　　[型式]Boeing777-381ER
[製造番号]34893　　　　　[最終運航会社]全日本空輸
[新規登録年月日]2006/09/28　[抹消登録年月日]2021/05/28

[登録記号]JA777A　　　　　[型式]Boeing777-381ER
[製造番号]32650　　　　　[最終運航会社]全日本空輸
[新規登録年月日]2006/10/20　[抹消登録年月日]2021/04/23

[登録記号]JA778A　　　　　[型式]Boeing777-381ER
[製造番号]32651　　　　　[最終運航会社]全日本空輸
[新規登録年月日]2007/01/26　[抹消登録年月日]2021/05/20

[登録記号]JA779A　　　　　[型式]Boeing777-381ER
[製造番号]34894　　　　　[最終運航会社]全日本空輸
[新規登録年月日]2007/04/27　[抹消登録年月日]2021/07/15

[登録記号]JA773J　　　　　[型式]Boeing777-246
[製造番号]27653　　　　　[最終運航会社]日本航空
[新規登録年月日]2007/05/18　[抹消登録年月日]2021/12/21

[登録記号]JA780A　　　　　[型式]Boeing777-381ER
[製造番号]34895　　　　　[最終運航会社]全日本空輸
[新規登録年月日]2007/06/01　[抹消登録年月日]2021/07/21

[登録記号]JA781A　　　　　[型式]Boeing777-381ER
[製造番号]27041　　　　　[最終運航会社]全日本空輸
[新規登録年月日]2007/09/26　[抹消登録年月日]2021/05/13

[登録記号]JA737J　　　　　[型式]Boeing777-346ER
[製造番号]36126　　　　　[最終運航会社]日本航空
[新規登録年月日]2007/10/05　[抹消登録年月日]現役稼働中

[登録記号]JA782A　　　　　[型式]Boeing777-381ER
[製造番号]33416　　　　　[最終運航会社]全日本空輸
[新規登録年月日]2008/01/25　[抹消登録年月日]2021/06/10

[登録記号]JA738J　　[型式]Boeing777-346ER
[製造番号]32436　　[最終運航会社]**日本航空**
[新規登録年月日]2008/06/24　　[抹消登録年月日]**現役稼働中**

[登録記号]JA739J　　[型式]Boeing777-346ER
[製造番号]32437　　[最終運航会社]**日本航空**
[新規登録年月日]2008/08/01　　[抹消登録年月日]**現役稼働中**

[登録記号]JA783A　　[型式]Boeing777-381ER
[製造番号]27940　　[最終運航会社]**全日本空輸**
[新規登録年月日]2008/08/01　　[抹消登録年月日]2021/06/21

[登録記号]JA740J　　[型式]Boeing777-346ER
[製造番号]36127　　[最終運航会社]**日本航空**
[新規登録年月日]2008/08/29　　[抹消登録年月日]**現役稼働中**

[登録記号]JA741J　　[型式]Boeing777-346ER
[製造番号]36128　　[最終運航会社]**日本航空**
[新規登録年月日]2009/09/16　　[抹消登録年月日]**現役稼働中**

[登録記号]JA742J　　[型式]Boeing777-346ER
[製造番号]36129　　[最終運航会社]**日本航空**
[新規登録年月日]2009/10/01　　[抹消登録年月日]**現役稼働中**

[登録記号]JA743J　　[型式]Boeing777-346ER
[製造番号]36130　　[最終運航会社]**日本航空**
[新規登録年月日]2009/10/28　　[抹消登録年月日]**現役稼働中**

[登録記号]JA784A　　[型式]Boeing777-381ER
[製造番号]38950　　[最終運航会社]**全日本空輸**
[新規登録年月日]2010/01/05　　[抹消登録年月日]**現役稼働中**

[登録記号]JA785A　　[型式]Boeing777-381ER
[製造番号]38951　　[最終運航会社]**全日本空輸**
[新規登録年月日]2010/03/30　　[抹消登録年月日]**現役稼働中**

[登録記号]JA786A　　[型式]Boeing777-381ER
[製造番号]37948　　[最終運航会社]**全日本空輸**
[新規登録年月日]2010/05/18　　[抹消登録年月日]2022/11/11

[登録記号]JA787A　　[型式]Boeing777-381ER
[製造番号]37949　　[最終運航会社]全日本空輸
[新規登録年月日]2010/06/11　　[抹消登録年月日]現役稼働中

[登録記号]JA788A　　[型式]Boeing777-381ER
[製造番号]40686　　[最終運航会社]全日本空輸
[新規登録年月日]2010/07/01　　[抹消登録年月日]現役稼働中

[登録記号]JA789A　　[型式]Boeing777-381ER
[製造番号]40687　　[最終運航会社]全日本空輸
[新規登録年月日]2010/07/01　　[抹消登録年月日]2022/12/08

[登録記号]JA741A　　[型式]Boeing777-281ER
[製造番号]40900　　[最終運航会社]全日本空輸
[新規登録年月日]2012/04/20　　[抹消登録年月日]現役稼働中

[登録記号]JA742A　　[型式]Boeing777-281ER
[製造番号]40901　　[最終運航会社]全日本空輸
[新規登録年月日]2012/05/24　　[抹消登録年月日]現役稼働中

[登録記号]JA743A　　[型式]Boeing777-281ER
[製造番号]40902　　[最終運航会社]全日本空輸
[新規登録年月日]2013/03/29　　[抹消登録年月日]現役稼働中

[登録記号]JA744A　　[型式]Boeing777-281ER
[製造番号]40903　　[最終運航会社]全日本空輸
[新規登録年月日]2013/05/30　　[抹消登録年月日]現役稼働中

[登録記号]JA745A　　[型式]Boeing777-281ER
[製造番号]40904　　[最終運航会社]全日本空輸
[新規登録年月日]2013/06/21　　[抹消登録年月日]現役稼働中

[登録記号]JA790A　　[型式]Boeing777-381ER
[製造番号]60136　　[最終運航会社]全日本空輸
[新規登録年月日]2015/03/27　　[抹消登録年月日]現役稼働中

[登録記号]JA791A　　[型式]Boeing777-381ER
[製造番号]60137　　[最終運航会社]全日本空輸
[新規登録年月日]2015/04/23　　[抹消登録年月日]現役稼働中

[登録記号]JA792A　　　　　[型式]Boeing777-381ER
[製造番号]60381　　　　　[最終運航会社]**全日本空輸**
[新規登録年月日]2015/05/19　[抹消登録年月日]**現役稼働中**

[登録記号]80-1111　　　　　[型式]Boeing777-3SB/ER
[製造番号]62439　　　　　[最終運航会社]**航空自衛隊**
[新規登録年月日]2018/08/17(日本到着)　[抹消登録年月日]**現役稼働中**

[登録記号]80-1112　　　　　[型式]Boeing777-3SB/ER
[製造番号]62440　　　　　[最終運航会社]**航空自衛隊**
[新規登録年月日]2018/12/11(日本到着)　[抹消登録年月日]**現役稼働中**

[登録記号]JA771F　　　　　[型式]Boeing777-F81
[製造番号]65756　　　　　[最終運航会社]**全日本空輸**
[新規登録年月日]2019/05/21　[抹消登録年月日]**現役稼働中**

[登録記号]JA772F　　　　　[型式]Boeing777-F81
[製造番号]65757　　　　　[最終運航会社]**全日本空輸**
[新規登録年月日]2019/06/11　[抹消登録年月日]**現役稼働中**

[登録記号]JA795A　　　　　[型式]Boeing777-300ER
[製造番号]61514　　　　　[最終運航会社]**全日本空輸**
[新規登録年月日]2019/07/01　[抹消登録年月日]**現役稼働中**

[登録記号]JA793A　　　　　[型式]Boeing777-300ER
[製造番号]61512　　　　　[最終運航会社]**全日本空輸**
[新規登録年月日]2019/07/26　[抹消登録年月日]**現役稼働中**

[登録記号]JA794A　　　　　[型式]Boeing777-300ER
[製造番号]61513　　　　　[最終運航会社]**全日本空輸**
[新規登録年月日]2019/10/24　[抹消登録年月日]**現役稼働中**

[登録記号]JA797A　　　　　[型式]Boeing777-300ER
[製造番号]61516　　　　　[最終運航会社]**全日本空輸**
[新規登録年月日]2019/10/29　[抹消登録年月日]**現役稼働中**

[登録記号]JA796A　　　　　[型式]Boeing777-300ER
[製造番号]61515　　　　　[最終運航会社]**全日本空輸**
[新規登録年月日]2019/12/19　[抹消登録年月日]**現役稼働中**

[登録記号]JA798A 　　　　　[型式]Boeing777-300ER
[製造番号]61517 　　　　　[最終運航会社]**全日本空輸**
[新規登録年月日]2019/12/23 　　[抹消登録年月日]**現役稼働中**

Boeing777
VS
Airbus A350

**Airbus
A350XWB**

[登録記号]JA01XJ 　　　　　[型式]Airbus A350-941
[製造番号]321 　　　　　[最終運航会社]**日本航空**
[新規登録年月日]2019/06/12 　　[抹消登録年月日]**現役稼働中**

[登録記号]JA02XJ 　　　　　[型式]Airbus A350-941
[製造番号]333 　　　　　[最終運航会社]**日本航空**
[新規登録年月日]2019/08/29 　　[抹消登録年月日]**現役稼働中**

[登録記号]JA03XJ 　　　　　[型式]Airbus A350-941
[製造番号]343 　　　　　[最終運航会社]**日本航空**
[新規登録年月日]2019/09/20 　　[抹消登録年月日]**現役稼働中**

[登録記号]JA04XJ 　　　　　[型式]Airbus A350-941
[製造番号]352 　　　　　[最終運航会社]**日本航空**
[新規登録年月日]2019/10/25 　　[抹消登録年月日]**現役稼働中**

[登録記号]JA05XJ 　　　　　[型式]Airbus A350-941
[製造番号]370 　　　　　[最終運航会社]**日本航空**
[新規登録年月日]2019/12/11 　　[抹消登録年月日]**現役稼働中**

[登録記号]JA06XJ 　　　　　[型式]Airbus A350-941
[製造番号]405 　　　　　[最終運航会社]**日本航空**
[新規登録年月日]2020/05/15 　　[抹消登録年月日]**現役稼働中**

[登録記号]JA07XJ 　　　　　[型式]Airbus A350-941
[製造番号]451 　　　　　[最終運航会社]**日本航空**
[新規登録年月日]2020/12/01 　　[抹消登録年月日]**現役稼働中**

[登録記号]JA08XJ 　　　　　[型式]Airbus A350-941
[製造番号]476 　　　　　[最終運航会社]**日本航空**
[新規登録年月日]2020/12/22 　　[抹消登録年月日]**現役稼働中**

[登録記号]JA09XJ　　　[型式]Airbus A350-941
[製造番号]497　　　　[最終運航会社]**日本航空**
[新規登録年月日]2021/06/15　　[抹消登録年月日]**現役稼働中**

[登録記号]JA10XJ　　　[型式]Airbus A350-941
[製造番号]531　　　　[最終運航会社]**日本航空**
[新規登録年月日]2021/08/18　　[抹消登録年月日]**現役稼働中**

[登録記号]JA11XJ　　　[型式]Airbus A350-941
[製造番号]535　　　　[最終運航会社]**日本航空**
[新規登録年月日]2021/09/10　　[抹消登録年月日]**現役稼働中**

[登録記号]JA12XJ　　　[型式]Airbus A350-941
[製造番号]536　　　　[最終運航会社]**日本航空**
[新規登録年月日]2021/09/21　　[抹消登録年月日]**現役稼働中**

[登録記号]JA13XJ　　　[型式]Airbus A350-941
[製造番号]538　　　　[最終運航会社]**日本航空**
[新規登録年月日]2021/11/11　　[抹消登録年月日]2024/01/19

[登録記号]JA14XJ　　　[型式]Airbus A350-941
[製造番号]541　　　　[最終運航会社]**日本航空**
[新規登録年月日]2021/12/17　　[抹消登録年月日]**現役稼働中**

[登録記号]JA15XJ　　　[型式]Airbus A350-941
[製造番号]543　　　　[最終運航会社]**日本航空**
[新規登録年月日]2022/02/15　　[抹消登録年月日]**現役稼働中**

[登録記号]JA16XJ　　　[型式]Airbus A350-941
[製造番号]552　　　　[最終運航会社]**日本航空**
[新規登録年月日]2022/04/22　　[抹消登録年月日]**現役稼働中**

[登録記号]JA01WJ　　　[型式]Airbus A350-1041
[製造番号]610　　　　[最終運航会社]**日本航空**
[新規登録年月日]2023/12/12　　[抹消登録年月日]**現役稼働中**

[登録記号]JA02WJ　　　[型式]Airbus A350-1041
[製造番号]629　　　　[最終運航会社]**日本航空**
[新規登録年月日]2024/01/11　　[抹消登録年月日]**現役稼働中**

■ 日本の航空会社に在籍したボーイング777＆エアバスA350一覧

Boeing777

※登録記号順に掲載（8000番台→リクエストナンバー）　※データは2024年1月現在

登録記号	型式	製造番号	最終運航会社	新規登録年月日	抹消登録年月日
JA8197	Boeing777-281	27027	全日本空輸	1995/10/05	2016/08/24
JA8198	Boeing777-281	27028	全日本空輸	1995/12/21	2017/01/20
JA8199	Boeing777-281	27029	全日本空輸	1996/05/24	2016/05/26
JA8941	Boeing777-346	28393	日本航空	1998/07/29	2015/06/16
JA8942	Boeing777-346	28394	日本航空	1998/08/27	2015/04/30
JA8943	Boeing777-346	28395	日本航空	1999/03/18	2016/01/18
JA8944	Boeing777-346	28396	日本航空	1999/04/23	2022/08/15
JA8945	Boeing777-346	28397	日本航空	1999/08/18	2022/05/23
JA8967	Boeing777-281	27030	全日本空輸	1996/08/13	2017/06/22
JA8968	Boeing777-281	27031	全日本空輸	1996/08/15	2017/02/23
JA8969	Boeing777-281	27032	全日本空輸	1996/12/17	2018/02/05
JA8977	Boeing777-289	27636	日本航空	1996/12/04	2020/09/01
JA8978	Boeing777-289	27637	日本航空	1997/06/27	2023/01/26
JA8979	Boeing777-289	27638	日本航空	1997/11/26	2022/01/12
JA8981	Boeing777-246	27364	日本航空	1996/02/16	2014/06/17
JA8982	Boeing777-246	27365	日本航空	1996/03/26	2014/11/20
JA8983	Boeing777-246	27366	日本航空	1996/09/13	2015/05/28
JA8984	Boeing777-246	27651	日本航空	1997/04/22	2020/02/25
JA8985	Boeing777-246	27652	日本航空	1997/05/15	2020/08/20
JA007D	Boeing777-289	27639	日本航空	1998/04/28	2022/03/29
JA008D	Boeing777-289	27640	日本航空	1998/06/24	2022/02/25
JA009D	Boeing777-289	27641	日本航空	1998/09/03	2022/01/31
JA010D	Boeing777-289	27642	日本航空	1999/05/14	2022/05/13
JA701A	Boeing777-281	27983	全日本空輸	1997/06/24	2018/01/22
JA701J	Boeing777-246ER	32889	日本航空	2002/07/12	2023/05/23
JA702A	Boeing777-281	27033	全日本空輸	1997/07/01	2021/12/23
JA702J	Boeing777-246ER	32890	日本航空	2002/09/24	2023/05/12
JA703A	Boeing777-281	27034	全日本空輸	1997/08/08	2019/03/14
JA703J	Boeing777-246ER	32891	日本航空	2003/02/04	2023/12/15
JA704A	Boeing777-281	27035	全日本空輸	1998/03/27	2020/11/25
JA704J	Boeing777-246ER	32892	日本航空	2003/05/29	2021/10/21
JA705A	Boeing777-281	29029	全日本空輸	1998/04/28	2021/01/19
JA705J	Boeing777-246ER	32893	日本航空	2003/07/16	2022/04/05
JA706A	Boeing777-281	27036	全日本空輸	1998/05/21	2020/06/22
JA706J	Boeing777-246ER	33394	日本航空	2003/12/17	2021/05/26
JA707A	Boeing777-281ER	27037	全日本空輸	1999/10/07	2020/11/04
JA707J	Boeing777-246ER	32894	日本航空	2004/04/14	2022/04/13
JA708A	Boeing777-281ER	28277	全日本空輸	2000/05/11	2022/02/03
JA708J	Boeing777-246ER	32895	日本航空	2004/06/25	2022/04/18
JA709A	Boeing777-281ER	28278	全日本空輸	2000/06/16	2022/01/28
JA709J	Boeing777-246ER	32896	日本航空	2004/09/03	2022/12/09
JA710A	Boeing777-281ER	28279	全日本空輸	2000/10/04	2022/01/28
JA710J	Boeing777-246ER	33395	日本航空	2005/07/12	2022/10/27
JA711A	Boeing777-281	33406	全日本空輸	2004/06/22	2021/02/01
JA711J	Boeing777-246ER	33396	日本航空	2005/08/31	2022/12/28
JA712A	Boeing777-281	33407	全日本空輸	2004/10/26	2020/12/22
JA713A	Boeing777-281	32647	全日本空輸	2005/03/23	現役稼働中
JA714A	Boeing777-281	28276	全日本空輸	2005/06/29	現役稼働中
JA715A	Boeing777-281ER	32646	全日本空輸	2006/05/11	現役稼働中
JA716A	Boeing777-281ER	33414	全日本空輸	2006/06/29	現役稼働中
JA717A	Boeing777-281ER	33415	全日本空輸	2006/08/09	現役稼働中
JA731A	Boeing777-381ER	28281	全日本空輸	2004/10/29	2021/04/21
JA731J	Boeing777-346ER	32431	日本航空	2004/06/16	現役稼働中
JA732A	Boeing777-381ER	27038	全日本空輸	2005/04/26	2021/01/21
JA732J	Boeing777-346ER	32430	日本航空	2004/07/02	現役稼働中
JA733A	Boeing777-381ER	32648	全日本空輸	2005/10/21	2020/12/04
JA733J	Boeing777-346ER	32432	日本航空	2005/06/21	現役稼働中
JA734A	Boeing777-381ER	32649	全日本空輸	2006/03/24	2021/03/01
JA734J	Boeing777-346ER	32433	日本航空	2005/07/27	現役稼働中
JA735A	Boeing777-381ER	34892	全日本空輸	2006/06/16	2021/06/02
JA735J	Boeing777-346ER	32434	日本航空	2006/07/20	現役稼働中
JA736A	Boeing777-381ER	34893	全日本空輸	2006/09/28	2021/05/28
JA736J	Boeing777-346ER	32435	日本航空	2006/08/22	現役稼働中
JA737J	Boeing777-346ER	36126	日本航空	2007/10/05	現役稼働中
JA738J	Boeing777-346ER	32436	日本航空	2008/06/24	現役稼働中
JA739J	Boeing777-346ER	32437	日本航空	2008/08/01	現役稼働中

登録記号	型式	製造番号	最終運航会社	新規登録年月日	抹消登録年月日
JA740J	Boeing777-346ER	36127	日本航空	2008/08/29	現役稼働中
JA741A	Boeing777-281ER	40900	全日本空輸	2012/04/20	現役稼働中
JA741J	Boeing777-346ER	36128	日本航空	2009/09/16	現役稼働中
JA742A	Boeing777-281ER	40901	全日本空輸	2012/05/24	現役稼働中
JA742J	Boeing777-346ER	36129	日本航空	2009/10/01	現役稼働中
JA743A	Boeing777-281ER	40902	全日本空輸	2013/03/29	現役稼働中
JA743J	Boeing777-346ER	36130	日本航空	2009/10/28	現役稼働中
JA744A	Boeing777-281ER	40903	全日本空輸	2013/05/30	現役稼働中
JA745A	Boeing777-281ER	40904	全日本空輸	2013/06/21	現役稼働中
JA751A	Boeing777-381	28272	全日本空輸	1998/07/01	現役稼働中
JA751J	Boeing777-346	27654	日本航空	2003/11/05	2022/08/04
JA752A	Boeing777-381	28274	全日本空輸	1998/08/28	現役稼働中
JA752J	Boeing777-346	27655	日本航空	2003/11/14	2022/09/02
JA753A	Boeing777-381	28273	全日本空輸	1998/07/30	現役稼働中
JA754A	Boeing777-381	27939	全日本空輸	1998/10/21	現役稼働中
JA755A	Boeing777-381	28275	全日本空輸	1999/04/07	現役稼働中
JA756A	Boeing777-381	27039	全日本空輸	2003/05/21	2021/02/01
JA757A	Boeing777-381	27040	全日本空輸	2003/06/12	2021/02/12
JA771F	Boeing777-F81	65756	全日本空輸	2019/05/21	現役稼働中
JA771J	Boeing777-246	27656	日本航空	2003/05/13	2022/06/07
JA772F	Boeing777-F81	65757	全日本空輸	2019/06/11	現役稼働中
JA772J	Boeing777-246	27657	日本航空	2005/04/15	2022/11/30
JA773J	Boeing777-246	27653	日本航空	2007/05/18	2021/12/21
JA777A	Boeing777-381ER	32650	全日本空輸	2006/10/20	2021/04/23
JA778A	Boeing777-381ER	32651	全日本空輸	2007/01/26	2021/05/20
JA779A	Boeing777-381ER	34894	全日本空輸	2007/04/27	2021/07/15
JA780A	Boeing777-381ER	34895	全日本空輸	2007/06/01	2021/07/21
JA781A	Boeing777-381ER	27041	全日本空輸	2007/09/26	2021/05/13
JA782A	Boeing777-381ER	33416	全日本空輸	2008/01/25	2021/06/10
JA783A	Boeing777-381ER	27940	全日本空輸	2008/08/01	2021/06/21
JA784A	Boeing777-381ER	38950	全日本空輸	2010/01/05	現役稼働中
JA785A	Boeing777-381ER	38951	全日本空輸	2010/03/30	現役稼働中
JA786A	Boeing777-381ER	37948	全日本空輸	2010/05/18	2022/11/11
JA787A	Boeing777-381ER	37949	全日本空輸	2010/06/11	現役稼働中
JA788A	Boeing777-381ER	40686	全日本空輸	2010/07/01	現役稼働中
JA789A	Boeing777-381ER	40687	全日本空輸	2010/07/01	2022/12/08
JA790A	Boeing777-381ER	60136	全日本空輸	2015/03/27	現役稼働中
JA791A	Boeing777-381ER	60137	全日本空輸	2015/04/23	現役稼働中
JA792A	Boeing777-381ER	60381	全日本空輸	2015/05/19	現役稼働中
JA793A	Boeing777-300ER	61512	全日本空輸	2019/07/26	現役稼働中
JA794A	Boeing777-300ER	61513	全日本空輸	2019/10/24	現役稼働中
JA795A	Boeing777-300ER	61514	全日本空輸	2019/07/01	現役稼働中
JA796A	Boeing777-300ER	61515	全日本空輸	2019/12/19	現役稼働中
JA797A	Boeing777-300ER	61516	全日本空輸	2019/10/29	現役稼働中
JA798A	Boeing777-300ER	61517	全日本空輸	2019/12/23	現役稼働中
80-1111	Boeing777-3SB/ER	62439	航空自衛隊	2018/08/17（日本到着）	現役稼働中
80-1112	Boeing777-3SB/ER	62440	航空自衛隊	2018/12/11（日本到着）	現役稼働中

Airbus A350XWB

登録記号	型式	製造番号	最終運航会社	新規登録年月日	抹消登録年月日
JA01XJ	Airbus A350-941	321	日本航空	2019/06/12	現役稼働中
JA02XJ	Airbus A350-941	333	日本航空	2019/08/29	現役稼働中
JA03XJ	Airbus A350-941	343	日本航空	2019/09/20	現役稼働中
JA04XJ	Airbus A350-941	352	日本航空	2019/10/25	現役稼働中
JA05XJ	Airbus A350-941	370	日本航空	2019/12/11	現役稼働中
JA06XJ	Airbus A350-941	405	日本航空	2020/05/15	現役稼働中
JA07XJ	Airbus A350-941	451	日本航空	2020/12/01	現役稼働中
JA08XJ	Airbus A350-941	476	日本航空	2020/12/22	現役稼働中
JA09XJ	Airbus A350-941	497	日本航空	2021/06/15	現役稼働中
JA10XJ	Airbus A350-941	531	日本航空	2021/08/18	現役稼働中
JA11XJ	Airbus A350-941	535	日本航空	2021/09/10	現役稼働中
JA12XJ	Airbus A350-941	536	日本航空	2021/09/21	現役稼働中
JA13XJ	Airbus A350-941	538	日本航空	2021/11/11	2024/01/19
JA14XJ	Airbus A350-941	541	日本航空	2021/12/17	現役稼働中
JA15XJ	Airbus A350-941	543	日本航空	2022/02/15	現役稼働中
JA16XJ	Airbus A350-941	552	日本航空	2022/04/22	現役稼働中
JA01WJ	Airbus A350-1041	610	日本航空	2023/12/12	現役稼働中
JA02WJ	Airbus A350-1041	629	日本航空	2024/01/11	現役稼働中

※ JA13XJは2024年1月2日に事故全損

Tokio Sato

Airbus

ライバル対決 **名旅客機列伝3** フラッグシップ双発機

ボーイング**777**

効率性と輸送力を両立 **vs** 幹線を担う主力大型機

エアバス**A350**

2024年3月10日 初版第1刷発行

発行人　山手章弘

発行所　**イカロス出版株式会社**
　　　　©IKAROS PUBLICATIONS,Ltd. All rights reserved.

　　　　〒101-0051
　　　　東京都千代田区神田神保町1-105
　　　　出版営業部　　TEL　　03-6837-4661
　　　　　　　　　　　E-mail　sales@ikaros.co.jp
　　　　編集部　　　　E-mail　koku-ryoko@ikaros.co.jp
　　　　URL　　　　　https://www.ikaros.jp

印刷　　印刷　　　　図書印刷株式会社
　　　　Printed in Japan

ISBN978-4-8022-1407-0